[日]山本百合　著
周洁如　译

超简单
日式料理

中国轻工业出版社

图书在版编目（CIP）数据

超简单日式料理 /（日）山本百合著；周洁如译 . —
北京：中国轻工业出版社，2023.1
ISBN 978-7-5184-2850-2

Ⅰ . ①超…　Ⅱ . ①山…②周…　Ⅲ . ①食谱 – 日本
Ⅳ . ① TS972.183.13

中国版本图书馆 CIP 数据核字（2019）第 289985 号

责任编辑：王晓琛　　　　　责任终审：劳国强　　整体设计：锋尚设计
策划编辑：王晓琛　卢　晶　责任校对：朱燕春　　责任监印：张京华

出版发行：中国轻工业出版社（北京东长安街6号，邮编：100740）
印　　刷：北京博海升彩色印刷有限公司
经　　销：各地新华书店
版　　次：2023年1月第1版第2次印刷
开　　本：720×1000　1/16　印张：9
字　　数：200千字
书　　号：ISBN 978-7-5184-2850-2　定价：49.80元
邮购电话：010-65241695
发行电话：010-85119835　传真：85113293
网　　址：http://www.chlip.com.cn
Email：club@chlip.com.cn
如发现图书残缺请与我社邮购联系调换
221676S1C102ZYW

用随处可见的普通食材，
让每一个人轻松享受做饭的乐趣

首先，感谢你翻开此书。这里面收集的都是操作十分简便的快手食谱，即使你笨手笨脚又贪图省事如我，也都能应付得来。你不必担心它门槛高，书里绝不会出现月桂叶、意大利芳香醋、葡萄酒醋等不够普遍的调味料。菜品的做法也都简单易懂，多是1大杯鲜奶油、5个蛋黄这样单刀直入的表述。此外，这本书对食材也毫不考究，大蒜和生姜可以用管装的大蒜酱和生姜酱来代替，至于其他的食材也都不强求，没有就换，就像面包没了还能吃其他点心一样，很简单。要说这本书有什么是坚持不可动摇的，那就只有菜品的美味了。毕竟若是味道乏善可陈，那操作再简单也都毫无意义。所以不管再怎么图省事，书中食谱都不会忽略腌制、去腥味等决定菜品味道的关键步骤。到目前为止，我在ESSE[1]、美食博客magazine上登载过300多份食谱，本书选取了其中评价较高、我自己也很喜欢的一部分，同时还加入了一些我的新作品，可以算是一个特别版的合集。也正因如此，我特意挑选了很多分量十足的主菜。最后，希望翻开它的每一位读者都能享受阅读这本书的乐趣，如果能在空闲的时候再试着实践一下，就是对我最大的鼓励了。

山本百合

1　日本生活信息网站 https://esse-online.jp/。

目录

CHAPTER 4 填饱最后一寸胃

沙拉、汤、副菜

CHAPTER 5 营养均衡好搭配

咖啡馆套餐

CHAPTER 6 甜品"小白"的福音

甜品

【本书的使用方法】

●计量单位：1 杯=200 毫升、1 大勺=15 毫升、1 小勺=5 毫升。

●表示调味料分量的"少许"，指拇指和食指捏起一小撮。

●使用微波炉的加热时间均以 600W 的机器为基准，500W 的延长至 1.2 倍，700W 的减少至 0.8 倍。根据型号不同可能存在一定误差。

●使用烤面包炉的加热时间以 1000W 的机器为基准。

●使用微波炉或烤面包炉加热时，注意根据说明书选取耐高温的碗或其他容器。

●洋葱、胡萝卜等需要去皮使用的食材，书中默认已经削皮。

●茄子、青椒等一般需要去蒂、去籽的食材，书中默认已经处理完成。

●香菇、蟹味菇、金针菇等菌类需去除中心或根部，揉散成方便食用的小株。

与博客、美食有关的
二三事

———

山本百合的博客以风趣幽默、贴近生活的特点而别具一
格，成为众多美食博客中独一无二的存在。
她在采访中向我们讲述了自己博客诞生的过程，也分享了
自己对博客和美食的真实想法。

———

采访 / 城石真纪子

" 我的梦想是出一本
轻松幽默的美食书 "

山本百合的博客——"微笑简餐'syunkon'"日访问量超过20万。博客的主要内容是食谱，还配合着日常生活中的种种逸事和诙谐幽默的趣味吐槽。山本百合的食谱大多方便好用，其理念是"用随处可见的普通食材，让每一个人轻松享受做饭的乐趣"。

山本的博客更新始于2008年，最初是因为就业压力而开始的。

山本回顾道，"那是我第一次认真考虑自己的将来。其实我从小就喜欢看美食书，有一天我突然发现，好像还没有人以轻松幽默的方式写过这种书，于是我就想自己试一试。很巧的是，就在我思考如何出书的时候，我得知了美食博客的存在。当时我就想，如果每天都坚持更新博客，说不定有一天就能完成我的梦想——出一本书了……所以我从大学时代就开始了博客的更新。不过毕业之后，我还是去了一家和美食毫无关系的猎头公司工作，但即便如此，我依然在日复一日的工作中忙里偷闲、坚持更新。"

2011年4月，有编辑发现了她的博客，并帮助她出版了第一本书。后来山本因为怀孕生子而辞掉工作，也从此开始专心于自己的美食事业。

"我就是运气比较好而已。我现在有两个女儿，一个上托儿所，一个上小学。除了照顾她们以外，我每天就是想食谱、写专栏。白天不停地尝试新菜、用电脑码字，把孩子们接回来以后照顾她们吃饭、洗澡、睡觉，然后继续码字。虽然这些事情让我感到疲于应付，但工作让我感到很幸福，我很感恩自己能有这样的机会。"

在这样忙碌的日常中，山本依然坚持着每天更新博客。她是如何创造出这么多食谱的呢？

"我会从很多地方寻找灵感，比如咖啡店的展板、商场地下或者超市里的蔬菜卖场，还有杂志上的居酒屋特辑等。参考它们的装盘或外观，再尝试用家里的材料做出同样的美食。"

山本的食谱中，每一样美食都让人垂涎三尺，但令人意外的是，其中用到的食材却都十分见见。她之所以能够创造出如此丰富多样的食谱，有很大一部分都归功于平时善于观察的好习惯。

" 我最擅长的就是从失败中总结经验 "

山本告诉我们，自己在撰写博客文章时，最重视的便是再现制作过程中的真实感受和经历过的失败。

"像偶尔热东西的时候不小心炸掉微波炉啦、无视和面时候的面疙瘩啦，觉得味道咸了就简单地加点水这种化腐朽为神奇之策，还有各种各样的小麻烦。我希望能通过这种方式，让我的读者在做饭时少一些担忧和害怕。"

虽然每天都沉浸在美食的制作之中，但山本依然很谦虚，她说"我现在做饭其实也就一般般"。可正是因为她的这种态度，这种与读者相同的立场和角度，才让她的食谱充满了魅力。不仅如此，山本还极具探索精神，乐于在制作食谱的过程中不断经历失败，再不断开始新的尝试，以求得到更好的味道。山本食谱中的美食不但做法简单、分量十足，还饱含着她对每一位读者的关心、热情，甚至还会给读者带来欢乐，也难怪会得到这么多人的喜爱。

"在我更新博客的过程中，经常会有人夸我，给我评论'感觉好好吃''好厉害'之类的。所以我常常会扪心自问，自己有没有因为这些而自命不凡、得意忘形，不然的话我会担心自己的状态出问题。"

对山本来说，博客意味着什么呢？"博客……这个问题有点难唉。大概就是一个可以将自己在日常生活中的小发现或者趣闻轶事展示给别人的地方吧，虽然这样说显得自己在现实生活中没有能交流的对象一样。博客中的评论有些非常感人，有些是评论者自己内心深处的烦恼，不过也有些故事来得莫名其妙，看到第一眼会让我觉得'这是在说什么'。但总的来说，我很喜欢这种自由的、有内在秩序的、人与人之间相互体谅的氛围，就像一个特别的'无人菜市场'一样，所以就一直坚持下来了。"

看来山本应该是一位颇具奉献精神且充满魅力的女性。下面就让我们一起进入她的食谱世界吧！

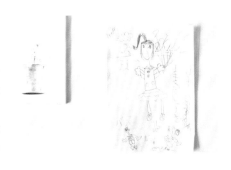

———

百分百成功食谱

从 2012 年到写这本书时，我在 ESSE 和美食博客 magazine 上发布了 300 多篇食谱。我从中选取了 20 篇做法简单、分量十足的五颗星推荐食谱！大多只要三步就能完成哦（但每个人步子大小可能略有不同）！总之，如果你感到胃中空虚，那就赶快打开这一章，来一份快手美食吧！

香酥鸡排

美味可口的酥脆外皮加上鲜嫩多汁的鸡肉，堪称放大版的日式炸鸡块。虽然做法中写着"去除筋膜""厚度均等"，但不必太过精细。保证每一处鸡肉都拍打到，使其松软即可。

材料（2人份）

鸡腿肉	1块
A 酱油、料酒	各1大勺
芝麻油	1小勺
大蒜酱（管装）	1厘米
盐、黑胡椒碎（依个人喜好添加）	各少许
淀粉、煎炸油	各适量
自选蔬菜（可选）	适量

做法

1. 去除鸡腿肉筋膜，放平，使其厚度均等。用擀面杖拍打拉伸后，用叉子在上面扎出小孔。

2. 材料A放保鲜袋中，加入做法1的鸡肉，充分揉搓。静置15分钟后将鸡排裹满淀粉。

3. 平底锅中倒煎炸油，深度约1厘米，中小火加热，将做法2的鸡排鸡皮朝下放入。煎七八分钟，让鸡排两面都充分煎炸。为方便食用，将煎好的鸡排切开后装盘，可依个人喜好搭配蔬菜。

要点

若使用管装大蒜酱，则取一两厘米即可。煮鸡蛋过程中若发现汤汁熬干，加水即可（之后可根据个人喜好放入乌冬面）。

猪肉豆芽大补汤

用料丰富的美味补汤，让人恨不得马上就着白米饭一起大快朵颐。不需要长时间的炖煮，只要稍加翻炒，煮几分钟就能出锅。放入乌冬面也是绝顶美味，超级推荐！

材料（2人份）

猪五花肉薄片	80克
豆芽	1/2袋
色拉油	1小勺
蒜末	1瓣量
A 水	3杯
酱油、鸡高汤粉	各1大勺
白砂糖	1小勺
豆瓣酱（依个人喜好添加）	1/2小勺
盐、胡椒	各少许
鸡蛋	2个
小葱葱花（可选）、熟白芝麻（可选）	各适量

做法

1. 猪五花肉切3厘米长的薄片。

2. 平底锅中放色拉油、蒜末，开中火。炒出香气后放入做法1的猪肉翻炒。变色后加入豆芽继续翻炒。加入材料A煮一两分钟。

3. 锅中打入鸡蛋，待其半熟后关火，将汤汁盛出即可。最后可以适当撒上一些葱花和芝麻。

要点

柠檬汁使用市场上出售的即可。擦碎洋葱可能会费些工夫，但这一步不能忽略，不然会影响最终的味道。可以将完整的洋葱先擦碎一部分，其余部分切薄片使用。

柠香牛肉

柠檬的酸甜、黄油的醇香令人欲罢不能！用猪五花肉代替牛五花肉也同样美味。这个食谱是我仿照一家名叫"MYCAL茨城"的店做的，最终能成功还要感谢我那位在这家店里打工的朋友（其实我之前也没听说过这家店）。

材料（2人份）

牛五花肉片	250克
洋葱	100克
色拉油	2小勺
A ┌ 酱油	2大勺
│ 白砂糖、清酒、料酒、柠檬汁、洋葱碎	各1大勺
│ 大蒜酱（管装）	1厘米
└ 盐、胡椒	各少许
黄油（或人造黄油）	1小勺
柠檬片（可选）、芹菜碎（可选）、黑胡椒碎（可选）	各适量

做法

1. 洋葱切圆形薄片，放入耐高温的容器中，轻轻盖上保鲜膜后放入微波炉（600W）中加热2分钟左右。

2. 平底锅中倒色拉油，中火加热，放入做法1的食材后，加入牛肉。翻炒至完全上色，加入混合好的材料A继续翻炒。

3. 盛出装盘。将黄油放在菜品之上，也可放一片柠檬。最后撒上芹菜碎和黑胡椒碎即可。

酱油培根白萝卜饼

口感筋道有嚼劲。为了方便，将一半白萝卜擦碎，另一半直接切丝。以白萝卜为食材，有效减少了菜品中的热量和糖分，对追求健康的人来说再适合不过了（至于培根，在我眼里是不含热量的）。

材料(2人份)

白萝卜	1/4根
厚切培根	60克
A ┬ 淀粉	3大勺
└ 盐	少许
色拉油	2小勺
酱油、小葱葱花（可选）	各适量

做法

1. 白萝卜连皮分两半，一半切丝，一半擦碎。擦碎部分轻轻挤出水分，和切丝部分以及材料A一起放入碗中搅拌。培根切条。

2. 平底锅中倒色拉油，中火烧热。将做法1的白萝卜薄薄铺开在锅中，煎至两面金黄，注意过程中盖上锅盖。煎好后盛出。

3. 培根入锅翻炒，炒熟后放在做法2盛出的食材上。最后淋上酱油，撒上葱花即可。

让淀粉充分包裹鸡肉，放入油中后静待鸡排变为金黄色。汤汁中含有淀粉，所以加热前和开火后都要持续不停地搅拌。

酥脆多汁煎鸡肉

这道菜里的鸡肉，口感不同于包裹着鸡蛋的软嫩，而是通过淀粉使得口感更加酥脆。再加上塔塔酱一般酸甜可口的美味汤汁，好吃到让人停不下来！

材料（2人份）

鸡腿肉	1块
盐、胡椒粉	各少许
A ┌ 鸡蛋	1个
├ 面粉	4大勺
└ 水	2大勺
淀粉、煎炸油	各适量
B ┌ 白砂糖、酱油、醋、水	各1/2大勺
└ 淀粉	1/2小勺
C ┌ 煮鸡蛋（切碎）	1个
├ 蛋黄酱	1大勺
├ 白砂糖、醋、牛奶	各1小勺
└ 芥末酱（依个人喜好）	1/3小勺
自选蔬菜（可选）	适量

做法

1. 去除鸡腿肉的筋膜，放平，使其厚度均等，撒上盐、胡椒粉后，放入混合好的材料A中，再裹满淀粉。

2. 平底锅中倒煎炸油，深度约1厘米，中小火加热。放入做法1的鸡肉，充分煎炸七八分钟，直至两面金黄。

3. 小锅中放入材料B，开小火加热至黏稠。

4. 将做法2的鸡肉切成便于食用的大小并盛出。依次加入做法3的汤汁和混合好的材料C即可。最后可依个人喜好搭配蔬菜。

要点

包裹淀粉不但可以防止鱼肉过硬，还能保持其原有味道。为了避免鲑鱼在翻炒过程中破碎，可以直接将鲑鱼两面煎熟，将菌菇放在一边翻炒，最后再混合。

蒜香黄油菌菇煎鲑鱼

光是看名字就不难想象出这道菜的美味。香喷喷的酱油、黄油、蒜香挑逗着食客的味蕾。鲑鱼可以用鳕鱼、青花鱼或鸡肉代替。

材料(2人份)

生鲑鱼 ···················· 2块
淀粉 ···················· 适量
喜欢的菌菇（蟹味菇、金针菇、灰树花）
···················· 合计150克
盐、胡椒粉 ···················· 各少许
色拉油 ···················· 1大勺
蒜 ···················· 1瓣
A┌ 酱油 ···················· 2小勺
　├ 盐、胡椒粉 ···················· 各少许
　└ 黄油 ···················· 1小勺
黑胡椒碎（可选）、小葱葱花（可选）·····各适量

做法

1. 生鲑鱼去除鱼骨后，切成适口大小。撒上盐、胡椒粉后裹上淀粉。菌菇揉散，分成小株。

2. 平底锅中倒色拉油，放入切成片的大蒜，中火加热。炒出蒜香后加入做法1的鲑鱼，煎至表面金黄后，加入菌菇翻炒。最后放材料A调味后盛出即可。如有黑胡椒碎和葱花，可适当添加。

葱香猪肉

超人气菜品。不过因为它过于下饭,我都有点不敢做这个菜了。将葱花完全炒熟,能去除很多人都不喜欢的辛辣之感。

材料(2人份)

碎猪肉片	250克
A ┌ 清酒	2大勺
└ 淀粉	1大勺
色拉油	2小勺
B ┌ 大葱葱花	1/2根量
芝麻油	1大勺
鸡高汤粉、柠檬汁	各1小勺
盐	1/3小勺
└ 胡椒粉	少许
热米饭、自选蔬菜(可选)、黑胡椒碎	各适量

做法

1. 材料A与碎猪肉片充分揉搓混合。

2. 平底锅中倒色拉油,中火烧热。加入做法1的食材,煎至表面变色后加入混合后的材料B翻炒,直至葱花炒出香气。

3. 将做法2的炒肉盛出,搭配米饭或自己喜欢的蔬菜,撒上黑胡椒碎后食用。

为方便剁肉，事先剥下鸡皮切碎，与剁碎后的肉一起搅拌。如果有时间的话，可以在分份之前先将肉馅冷冻2小时左右，便于成形。

鲜嫩多汁炸鸡块

鲜嫩多汁的鸡块，让人不敢相信竟然是用鸡胸肉做出来的！张口吃下第一块后便再也停不下来。鸡块本身已经充分入味，不需要搭配任何其他调料就能直接享用（剁肉的过程可能有点累，我会为你加油的）。

材料（可制作12块）

鸡胸肉···························· 1块
A ┌ 清酒、蛋黄酱·················· 各1大勺
  │ 白砂糖························· 1小勺
  │ 盐···························· 1/2小勺
  │ 大蒜酱、生姜酱（均为管装）··· 各1厘米
  └ 胡椒粉························· 少许
淀粉、煎炸油···················· 各适量
B ┌ 面粉、水······················ 各3大勺
  │ 清酒、淀粉···················· 各2大勺
  └ 盐、胡椒粉···················· 各少许
自选蔬菜（可选）················ 适量

做法

1. 用菜刀将鸡胸肉剁碎，放入碗中。加材料A充分搅拌混合后，平均分成12份，捏成形后裹上一层薄薄的淀粉（让鸡块更软嫩）。

2. 平底锅中倒煎炸油，深度约1厘米，中火烧热。用叉子叉取做法1中做好的鸡块，在混合好的材料B中滚一遍后放入锅中，煎至金黄后盛出即可。最后可依个人喜好配上蔬菜。

要点

去除猪五花肉的油脂时要注意适度，使其保留一定水分。如果煎的时间过长使猪肉收缩严重，那可就不好办了。

甜辣猪肉炒卷心菜

我真的超爱吃这个菜，经常会自己做着吃。包裹着甜辣酱汁的猪肉，配上卷心菜、蛋黄酱，一口下去，回味无穷。这道菜做法非常简单，如果时间比较紧的话还可以省略淀粉哦。

材料(2人份)

猪五花肉薄片	250克
卷心菜	3片
淀粉	适量
A ┌ 白砂糖、酱油、清酒	各1½大勺
├ 料酒	1小勺
└ 胡椒粉	少许
蛋黄酱、熟白芝麻（可选）、熟黑芝麻（可选）	各适量

做法

1. 猪五花肉切4厘米长的薄片，裹上薄薄一层淀粉。卷心菜切丝。

2. 平底锅中不加油，中火烧热。加入做法1的猪肉，煎至酥脆。擦去多余油脂后，加入材料A。

3. 做法1的卷心菜装盘，上面放做法2煎好的猪肉，挤上蛋黄酱即可。最后可依个人喜好撒上芝麻。

居酒屋德式炸薯条

要是你们质问我"哪有会卖德式炸薯条的居酒屋啊！"我也只好不停地抖动着膝盖，避开你们的视线了。但是，这道菜配啤酒真的是一绝！甜辣的口味加上醇香的黄油，也很受小朋友们欢迎哦。

材料（2人份）

土豆	250克
厚切培根	50克
洋葱	1/8个
黄油（或人造黄油）	1大勺
蒜末	1瓣量
A ┌ 酱油	1大勺
├ 白砂糖	1/2大勺
└ 盐、胡椒粉	各少许
干芹菜（可选）、黑胡椒碎（可选）	各少许

做法

1. 土豆洗净后用保鲜膜包住，放微波炉（功率600W）中加热四五分钟。削皮后切成截面边长1.5厘米的条状。培根切细条，洋葱切薄片。

2. 平底锅中放黄油，中火加热至化开。放入蒜末，炒出香气后放入做法1的培根、洋葱，炒软后拨到一边，放入土豆。煎至两面金黄后将锅中所有食材混合，加入材料A调味后盛出即可。最后可依个人喜好撒上一些干芹菜和黑胡椒碎。

鸡肉煮卷心菜

这道菜只有一个步骤——煮。虽然做法简单，但经过大蒜和味噌提味后，煮出来的汤鲜美醇厚，实属上品。加入韭菜、动物内脏和牛蒡后就可以华丽变身为实打实的内脏火锅了。

要点

不好意思，这道菜没有什么要点，只要煮熟就可以了。不过可以补充一点，将水加倍，然后放入豆腐、菌菇等，就可以当做火锅享用啦。

材料(2人份)

鸡腿肉	1块
卷心菜	1/4个
A 水	3杯
鸡高汤粉、酱油、料酒	各1大勺
味噌	1小勺
盐、胡椒粉、红辣椒圈（可选）	各少许
蒜	1瓣
熟白芝麻（可选）	适量

做法

1. 鸡腿肉切成适口大小，卷心菜切成方便食用的大小。

2. 锅中加入材料A、做法1的鸡肉、切成片的大蒜，开中火。肉煮熟后放入卷心菜，煮软后关火即可。最后可依个人喜好撒上一些芝麻。

奶油白菜炖猪五花

这是一道比较常见的美味菜肴。虽然名字中带有"奶油"，但制作中并不会用到鲜奶油，也不需要炖很久。是一道翻炒后裹上面粉、加入牛奶就能出锅的快手美食。白菜可以换成卷心菜。

材料（2人份）

猪五花肉薄片	100克
白菜	1/8个
黄油（或人造黄油）	1大勺
面粉	2大勺
牛奶	1½杯
A ┌ 清汤味精	1小勺
└ 盐、胡椒粉	各少许
黑胡椒碎	适量

做法

1. 猪五花肉切三四厘米长的薄片。白菜切大块。

2. 平底锅中放黄油，中火加热至化开。加入做法1的猪肉，变色后加入白菜翻炒。白菜炒软后，均匀撒入面粉。倒入牛奶，搅拌至浓稠后，加入材料A调味，盛出装盘即可。食用前可依个人喜好撒上黑胡椒碎。

蒜香酱油猪五花炒豆芽

这种看似简单的菜，做好之后反而是最让人有成就感的。美味的关键在于让猪肉充分入味。
趁着刚出锅热乎乎的时候，敞开肚子享用吧。

材料（2人份）

猪五花肉薄片	100克
豆芽	1袋
A ┬ 清酒	3杯
├ 生姜酱（管装）	1厘米
└ 盐、胡椒粉、酱油	各少许
芝麻油	1小勺
蒜末	1/2瓣量
B ┬ 酱油	1小勺
└ 盐、胡椒粉	各少许
黑胡椒碎（可选）、小葱葱花（可选）	各适量

做法

1. 猪五花肉切三四厘米长的薄片，加入材料A抓腌均匀。

2. 平底锅中倒芝麻油，加入蒜末，中火烧热。炒出蒜香后放入做法1的食材，翻炒至金黄色，加入豆芽。豆芽炒软后加材料B调味，盛出装盘即可。食用前可依个人喜好撒上黑胡椒碎和葱花。

要点

如果不打算将生蛋黄当作配菜，可以将蛋白换为整颗鸡蛋加入肉丸中。煎肉丸时若水分有残留，可以直接打开锅盖，转中火加热。

月见肉丸

肉丸中的面包粉和水可以让它在放凉之后也依然保持松软嫩滑的口感。8个肉丸只配1个蛋黄可能有点少，不够的话可以按照个人喜好添加。

材料(2人份)

鸡肉馅（腿部最佳）	250克
A ┌ 大葱葱花	1/4根量
├ 蛋白	1个量
├ 面包粉	3大勺
├ 清酒	1大勺
└ 盐、胡椒粉、生姜酱（管装）	各少许
色拉油	2小勺
B ┌ 酱油、料酒	各2大勺
└ 白砂糖、清酒	各1大勺
蛋黄	1个
绿紫苏（可选）	适量

做法

1. 鸡肉馅中加材料A，充分搅拌后平均分成8份，捏成圆饼状。

2. 平底锅中倒色拉油，中火烧热，放入做法1的肉丸，煎至两面金黄。加1/4杯水（未包含在材料表中），盖上锅盖，只留出一条缝隙，转小火煎至没有水分，盛出。

3. 平底锅洗净，加材料B，小火加热。烧开后加入做法2中煎好的肉丸，让汤汁充分包裹肉丸，盛出即可。最后可依个人喜好搭配蛋黄和绿紫苏。

肉末茄子

只要煎好茄子后盛出，再浇上肉末卤就可以了。不用水淀粉可以避免出现结块。茄子可以替换为山药、豆腐、煎蛋卷等任何你喜欢的食材。

材料(2人份)

茄子	2根
鸡肉馅	100克
色拉油	适量
盐	少许
清酒	1大勺
淀粉	1/2小勺
A ┌ 水	1/4杯
├ 白砂糖、酱油、清酒、料酒	各1大勺
└ 生姜酱（管装）、日式高汤粉	各少许
生菜（可选）	适量

做法

1. 茄子皮用削皮刀纵向削成条纹状，茄子切成1厘米厚的圆片。

2. 平底锅中倒3大勺色拉油，中火烧热。将做法1的茄子圆片平放入锅中，撒上盐，煎至两面金黄后加清酒，将内部也完全煎熟，盛出。

3. 平底锅擦净，倒1小勺色拉油，中火烧热，加鸡肉馅翻炒。炒至变色后加入淀粉挂在肉末上，加材料A勾芡。将得到的肉末卤浇在做法2中煎好的茄子上即可。最后可依个人喜好点缀上一些生菜（本书用的是日本丸叶壬生菜）。

迷你炖肉饼

这道肉饼采用炖煮的做法，避免了烤制时可能出现半生不熟的情况，同时还能使其在放凉后依旧保持柔软的口感。直接放入生洋葱不但方便省事，吃起来还会更有嚼劲（唯一的问题在于，说是迷你但又没那么迷你，一个人顶多吃两个）。

材料（可制作6个）

猪、牛混合肉馅	300克
洋葱	1/4个
蟹味菇	1盒
A ┬ 鸡蛋	1个
└ 面包粉、牛奶	各4大勺
盐	1/2小勺
胡椒粉	少许
色拉油、面粉	各2小勺
B ┬ 水	250毫升
│ 番茄酱、伍斯特酱	各2大勺
└ 白砂糖、清汤味精	各1小勺
干芹菜（可选）、黑胡椒碎（可选）	各适量

做法

1. 洋葱切碎，蟹味菇揉开，分成小株。材料A混合好后放置待用。

2. 肉馅放入碗中，加盐拌匀。加入做法1的洋葱、材料A，加胡椒粉搅拌。平均分成6份，捏成圆饼状。

3. 平底锅中倒色拉油，中火烧热，将做法2的肉饼平放进去，煎至两面金黄后取出（内部没有熟透也可以）。

4. 擦去平底锅中残留的油脂，加做法1的蟹味菇翻炒。均匀撒上面粉。加材料B后转中小火，煮沸后放入做法3中的肉饼，合盖炖5分钟。打开盖子，同时反复将汤汁浇在肉饼上，炖煮至汤汁熬干即可。最后可依个人喜好撒上干芹菜和黑胡椒碎。

要点

合盖炖煮时，汤汁无需完全没过肉饼，不过中间要时不时打开看一下，一方面避免干锅，另一方面汤汁过少时可以适当加水。

蛋黄酱汁干煎土豆鸡肉

这道菜我真的超级推荐。虽然只是煎好的鸡肉和土豆，可一旦浇上酱汁，就会变成一道珍馐美味。你也可以将酱汁浇在煎鱼、肉饼、沙拉等任何喜欢的食物上。

材料（2人份）

鸡腿肉	1块
土豆	200克
A ┌ 清酒	1大勺
├ 盐	1/3小勺
└ 胡椒粉	少许
淀粉	适量
四季豆	6根
色拉油	1/2大勺
盐	少许
B ┌ 蛋黄酱	1大勺
├ 牛奶	1/2大勺
└ 柠檬汁、白砂糖、酱油	各1/2小勺

做法

1. 去除鸡腿肉的筋膜，放平，使其厚度均等。加材料A充分按揉后，放置至少10分钟，然后裹上薄薄一层淀粉。土豆洗净后保留水分，用保鲜膜包好，放微波炉（600W）中加热四五分钟取出，去皮后切圆片。四季豆去蒂、去筋。

2. 平底锅中刷色拉油，将做法1的鸡肉鸡皮朝下放入锅中，中小火加热七八分钟，煎至两面金黄。取出后放入土豆、四季豆，撒盐，煎熟。

3. 将做法2中的鸡排切成方便食用的大小，和土豆、四季豆一起盛出装盘，最后浇上混合好的材料B即可。

要点

使用直径20厘米的平底锅，制作完成后可以直接将整个锅端上饭桌。如果觉得水分过多，可以开大火熬煮，水分过少的话可以加牛奶。

金枪鱼玉米卷心菜焗烤通心粉

虽然名字叫焗烤通心粉，但制作过程并没有用到烤箱。这道菜只需一个平底锅，就能搞定炒配菜、做酱汁、煮通心粉、融化芝士一系列步骤。其中关键在于让金枪鱼入味！

材料（2人份）

金枪鱼罐头（油渍）	70克
玉米粒罐头	2大勺
卷心菜	2片
A ─ 白砂糖、酱油	各1/2大勺
洋葱	1/4个
黄油（或人造黄油）	1大勺
面粉	2大勺
B ─ 牛奶	2杯
└ 清汤味精	1个
通心粉（快熟型）	80克
盐、胡椒粉	各少许
比萨专用芝士	适量
黑胡椒碎（可选）	适量

做法

1. 金枪鱼罐头去除汤汁，加材料A搅拌。卷心菜切成方便食用的大小。洋葱切薄片。

2. 平底锅中放黄油，中火加热至化开，加入做法1的洋葱翻炒。炒软后均匀撒上面粉，加入材料B。煮沸后放入通心粉和卷心菜，转中小火，一边搅拌一边煮至通心粉变软。加入盐、胡椒粉调味。

3. 将玉米粒和做法1的金枪鱼加入做法2煮好的通心粉中，均匀铺上一层芝士。合盖加热至芝士化开即可。最后可依个人喜好撒上黑胡椒碎。

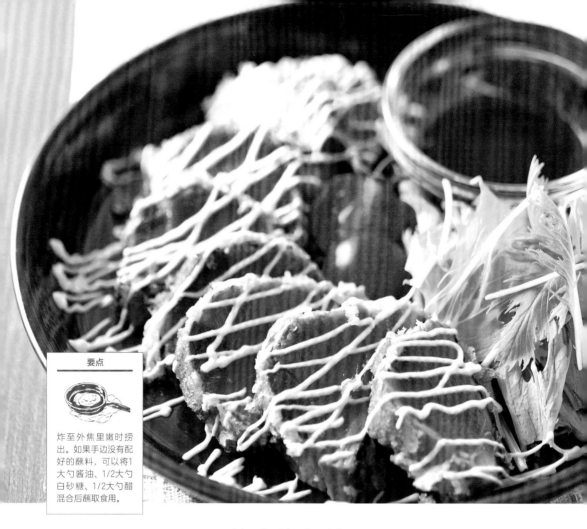

炸生鲣鱼片

之所以有这道食谱是因为我有一次在超市里看到生鲣鱼片很便宜，我当时就想，要是把它整片油炸出来肯定很有意思（事实证明没太大意思，但好吃）。表皮的酥脆与内部的软嫩相结合，带给食客一场美味的享受。

材料（2人份）

生鲣鱼片	1块
A ┌ 面粉、水	各3大勺
└ 色拉油	1小勺
面包粉、煎炸油	各适量
自选蔬菜（可选）	适量
蛋黄酱、半烤鲣鱼蘸酱	各适量

做法

1. 材料A充分混合后，将生鲣鱼片在里面蘸一下，裹上面包粉。

2. 平底锅中倒煎炸油，深度约1厘米，中火烧热。放入做法1的鲣鱼片，煎炸至两面金黄。

3. 将做法2中炸好的鲣鱼片切成方便食用的大小，可以配上一些自己喜欢的蔬菜，装盘。最后挤上蛋黄酱，配上半烤鲣鱼蘸酱即可。

要点

捏好的圆饼可能会有些
软塌，但完全不必担
心，煎好之后自然会
成形。合盖充分煎炸
可以让藕饼的口感更
为弹润。

煎藕饼

这道菜只要有莲藕就能做。弹润劲道的口感加上清脆爽口的藕片，给人带来独特的美味享
受。除了酱汁以外，直接蘸椒盐也很好吃。

材料(2人份)

莲藕······················· 200克
A ┬ 淀粉··························· 2大勺
　└ 盐、胡椒粉·················各少许
色拉油························1/2大勺
B ─ 酱油、料酒··············各1/2大勺
黄油····························少许
绿紫苏（可选）··················· 1片

做法

1. 莲藕连皮切成4片，其余部分擦碎后轻
轻挤出水分，加入材料A搅拌。然后平均分
成4份，捏成圆饼，将切好的藕片分别放在
4个圆饼上，按压一下，制成藕饼。

2. 平底锅中放色拉油，中小火加热。放入
做法1的藕饼，合盖煎至两面金黄。

3. 放入材料B，加入黄油，让黄油挂在
藕饼上。盘中可依个人喜好垫上一片绿紫
苏，然后将藕饼盛出装盘，将锅中剩余酱
汁浇在藕饼上即可。

包罗万象——
山本的厨房

————

山本的一天中大部分时间都是在厨房度过的，除了料理一日三餐外，她还要在这里思考发布在博客上的食谱，并进行试做和拍摄等。所以厨房对于山本来说，不但亲切舒适，更是一个包罗万象的地方，这里放着许多她常年使用的物品和各种各样的小工具。这次，我们便有幸来到了这座山本引以为豪的"城堡"。

————

采访 / 城石真纪子

厨房和客餐厅之间没有隔断，充满开放感。"开放式厨房不太好打扫，所以我就放弃了追求完美干净的厨房。现在家里料理台上总是胡乱堆着很多购物袋和空啤酒罐，悬吊式的裸灯特别晃眼，平时都不敢轻易打开（山本笑着说）。冰箱上的手印也特别明显。总之，离我梦想中的厨房还很遥远。"

↑
装修书籍中的理想厨房。"我想在里面装上木板，做个'看得见的收纳'，但是实在有太多不好见人的东西了。像印着卡通形象的水杯和便当盒、便携式卡式炉……再加上我也不觉得自己能把它打扫得一尘不染，所以最后还是选择了一个小的吊橱。"

←
料理台：主要材质是不锈钢和木头。"这是料理台。本来我是想着要很优雅地在这里做饭的，但可惜很快它就化身成了杂物堆积处，所以我这个愿望迄今为止还没有实现过。说起来这个椅子的高度本来就不太合适。还有那个最显眼的橄榄树盆栽，这是我们家的标志性物品……开玩笑的，其实是昨天才买回来的，为了迎接今天的参观（笑）。"

水槽前面的瓷砖墙上装着一根从宜家买来的横杆，形成了一个装饰角。"这个特别实用，我经常会用它来晾干筛子和孩子的围兜。平时上面什么都挂，所有家里能看到的东西都有可能挂在上面（笑）。"有客人来的时候才会好好整理。"那面瓷砖墙用的是我从网上找到的瓷砖，一块才 40 日元，一整面墙也就 2 万多日元（100 日元折合约 6 元人民币）……哎呀我怎么又把价钱说出来了……"

→

山本对厨房用具完全没有讲究，现在配菜用的筛子和大碗也都是从百元（日元）店或杂货店买来的。"便宜的大碗其实又轻又好用。还有这个平底方盘，是我妈妈送给我的结婚礼物，我一直都很喜欢。"

↓

平底锅也是轻巧实惠大军中的一员。"从附近的杂货店里花 300 日元买的。哪怕是用到变色，只要每年换个新的就好了，完全没有心理负担。虽然我也很向往那些华丽的工具，但还是像现在这样买些便宜的比较划算，用起来不心疼，用坏了也能赶紧换新的。"

→

↑

"对于每天都要用到的工具，我会很熟悉它们的手感，对它们也更偏爱。"

左 / 轻巧又好用的雪平锅，表面磷形被磨平后也颇受宠爱。

右 / 已经熔化、变形的现役工具。"我用起来一点都不觉得奇怪，要不是有人惊讶地问我'是尤里·盖勒[1]来过了吗？'我都不会注意到它居然变形了。这个塑料案板自从上次放到洗碗机里之后，就变得像现在这样不平整了。"

---

1 以色列魔术师，世界闻名的特异功能者。最出名的本领是把汤匙或钥匙变弯曲。

↑ 自开始更新博客后，多年来收集的餐具。"这都是我从各种地方淘来的，百元店、网购、跳蚤市场、杂货店等，用的时候倒是一视同仁，因为都乱糟糟地堆在抽屉里，仔细挑的话就太费劲了。我真的是没救了（笑）。"

← 博客上搭配美食拍照的小工具，厨房大集结。

左上 / 有些是山本觉得好看从店里要的，有些是朋友送的。"不知不觉就攒了 50 多个，其中我最常用、最喜欢的，是喜力啤酒（Heineken）那个。"

右上 / 用来盛放炸薯条或其他条状点心的空罐头。"别人旅游送的纪念品里如果有好看的，我都会先留下来。还有在百元店买的做园艺用的铁皮盒子，我也会经常用到。"

下 / "我家之前种的绿植总是逃不过枯萎的命运，虽然心里很难受，但我没有气馁，一直买来新的填补空缺。不过从我爸妈那儿拿来的绿萝倒是长势不错。还有能以假乱真的人造绿植，我也悄悄买了一些（笑）。"

———

按食材分类的食谱

鸡肉、猪肉、牛肉、肉馅、鱼肉、鸡蛋，本章将会介绍以这几种食材为主要材料的食谱（鸡肉料理超多，敬请期待）。虽然都是平日里司空见惯的食材和调料，但只要稍加改变，就是全新的味道。希望能在你觉得"想吃鱼""鸡蛋买多了"的时候，为你提供特定食材的料理方法。

· 鸡肉 ·

鸡肉

鸡腿肉

茄子油淋鸡

这是我的新作品！将油淋鸡做成适口大小而非完整的一块。浓稠的汤汁包裹着鸡肉，烧熟的大葱去除了辛辣，光是汤汁配米饭便是一绝。

材料（2人份）

鸡腿肉·····································1块
茄子··2根
盐、胡椒粉·························各少许
淀粉、色拉油·····················各适量
紫叶生菜（可撕成小片）··········适量
A ┬ 大葱葱花·························1根量
  │ 白砂糖、酱油、醋、水······各1½大勺
  └ 芝麻油、淀粉··················各1/2小勺

做法

1. 鸡腿肉切成适口大小的薄片，撒上盐、胡椒粉后，裹上淀粉。茄子乱刀切成小块。

2. 平底锅中倒色拉油，深度约5毫米，中火烧热。放入做法1的茄子，完全煎熟后盛出。放入鸡腿肉，煎炸至两面金黄。盘中垫一层紫叶生菜，将茄子和鸡腿肉放在上面。

3. 平底锅擦净，加入材料A，小火熬干，同时用刮刀搅拌。熬好后浇在做法2的半成品上即可。

要点

汤汁中含有淀粉，所以要一直搅拌至完全溶解之后再加热。注意，在放入锅中后淀粉会迅速变浓稠。如果熬得太干，加热水稀释即可。

确保面粉用量足够，
这样不但能使菜品柔
软膨松，还能同时让
鸡肉充分裹挟橄榄油
和汤汁。如果用管装
大蒜酱的话用量为1厘
米，和番茄同时放入。

芝士番茄煎鸡肉

鸡肉

鸡腿肉

看似简单，菜色与味道却颇显考究。充分掩盖了番茄的酸味，整体味道更顺滑。最后记得把
盘子里的美味汤汁也都喝光哦（推荐搭配法棍食用）。

材料（2人份）

鸡腿肉·· 1块
盐、胡椒粉······································各少许
面粉（或淀粉）································适量
洋葱···1/4个
番茄···1个
橄榄油（或色拉油）······················2小勺
蒜末···1瓣量
A— 白砂糖、酱油、清汤味精········各1小勺
比萨专用芝士、干芹菜（可选）、法棍（可选）
···各适量

做法

1. 鸡腿肉切成适口大小，撒上盐、胡椒粉，裹上薄薄一层面粉。洋葱切薄片，番茄切1.5厘米见方小块。

2. 平底锅中加入橄榄油和蒜末，开小火，炒出香气后放入做法1的鸡腿肉，煎至金黄后翻面。加洋葱、番茄（连番茄汁一起），放入材料A后合盖加热4分钟左右。

3. 盛出到耐高温容器中，撒上芝士后放入烤面包炉（1000W）中烤至表面微焦。取出后可依个人喜好撒上干芹菜，并搭配法棍食用。

要点

鸡肉用叉子扎出大量小孔后再反复揉搓，只需要等待5~10分钟就能充分入味。味道太淡的话，浇上面汁就可以了。

炸鸡块蘸面汁

鸡肉

鸡腿肉

感谢各位生产商的努力，多亏他们才能有这道超方便的炸鸡块蘸面汁。汤汁的香甜令人赞叹。3倍浓缩面汁味道较为浓厚，普通面汁则较为清淡，浓度可以自行调整。

材料(2人份)

鸡腿肉 ····················· 1块

A ┌ 面汁（2倍浓缩）··········· 3大勺
  └ 大蒜酱（管装）、生姜酱（管装）···各1厘米

淀粉、煎炸油、白萝卜泥、小葱葱叶（可选）
····················· 各适量

做法

1. 鸡腿肉切成适口大小后放入保鲜袋中，加材料A充分揉搓，放置30分钟后取出鸡腿肉，裹上淀粉。

2. 平底锅中倒入煎炸油，深度约1厘米，中火烧热。放入做法1的鸡腿肉，煎炸至颜色金黄。盛出，配上白萝卜泥，有葱叶的话可以一并配上。

味噌黄油鸡肉烧土豆

材料(2人份)

鸡腿肉	1小块
土豆	200克
盐、胡椒粉	各少许
淀粉	适量
色拉油	2小勺
A — 味噌、白砂糖、酱油、酒	各1大勺
黄油（或人造黄油）	1小勺
小葱葱花（可选）	适量

做法

1. 鸡腿肉切成适口大小，撒上盐、胡椒粉，裹上薄薄一层淀粉。土豆洗净后保留水分，用保鲜膜包裹，放入微波炉（600W）中加热四五分钟，剥皮后切成适口大小。

2. 平底锅中倒色拉油，中火烧热，将做法1的鸡腿肉鸡皮朝下放入。煎至金黄后翻面，充分煎熟。在锅中空余处放土豆，煎至颜色金黄后取出。

3. 材料A混合后倒入锅中，放回土豆，加入黄油翻炒，盛出。最后可依个人喜好撒上葱花。

要点 土豆加热后连保鲜膜一起放入凉水中，方便剥皮。将煎熟的土豆放回锅中，裹上汤汁后立刻关火。鸡腿肉可以用鸡胸肉代替。

白萝卜泥配鸡排

材料(2人份)

鸡腿肉	1块
盐、胡椒粉	各少许
色拉油	1小勺
大蒜（切两半）	1瓣
A — 酱油、料酒	各1/2大勺
柠檬汁（或醋）	1小勺
白萝卜泥、小葱葱花（可选）、熟白芝麻（可选）、自选蔬菜（可选）	各适量

做法

1. 去除鸡腿肉的筋膜，放平，使其厚度均等。撒上盐、胡椒粉。

2. 平底锅中放色拉油和大蒜，开中火。炒出香气后将做法1的鸡腿肉鸡皮朝下放入。中小火煎至两面金黄后取出。

3. 平底锅擦净，放入材料A，小火加热至沸腾。

4. 将做法2的鸡排切成方便食用的大小后装盘，将白萝卜泥放在鸡排上，最后浇上做法3的汤汁即可。可依个人喜好添加葱花、芝麻和自己喜欢的蔬菜。

要点 可以自行选择是否加入大蒜。开盖煎熟鸡肉可以令其表皮更为酥脆可口。如果没有达到这种效果，可以擦去锅中油脂后，加大火力，用锅铲按压鸡排继续煎一段时间。

要点

让鸡肉酥脆的秘诀可以参考上一篇食谱中的鸡排。为了防止酱汁粘在锅底，加热过程中需要用刮刀不停地搅拌，将酱汁与锅底分离。

奶油脆皮鸡

鸡肉

鸡腿肉

推荐给喜欢奶油炖菜但讨厌松软鸡皮的人，只要将鸡肉单独煎至表皮酥脆再放入酱汁中即可。虽然步骤简单，但看起来十分高级，是一道性价比很高的菜品。

材料（2人份）

鸡腿肉	1块
盐、胡椒粉	各少许
淀粉（或面粉）	2小勺
洋葱	1/4个
蟹味菇	1/2盒
色拉油	1小勺
黄油（或人造黄油）、面粉	各1大勺
牛奶	3/4杯
A〔 清汤味精	不到1小勺
盐、胡椒粉	各少许
干芹菜（可选）、黑胡椒碎（可选）	各适量

做法

1. 去除鸡腿肉的筋膜，放平，使其厚度均等。撒上盐、胡椒粉，鸡皮外裹上薄薄一层淀粉。洋葱切薄片。蟹味菇揉散，分成小株。

2. 平底锅中倒入色拉油，中小火烧热，将做法1的鸡腿肉鸡皮朝下放入，煎至两面金黄后取出。

3. 平底锅擦净后，开中火使黄油化开，放入做法1的洋葱、蟹味菇翻炒。炒软后均匀撒上面粉，少量多次加入牛奶，同时不断地搅拌均匀，加入材料A后炖至汤汁浓稠。

4. 盛出做法3的半成品，将做法2的鸡腿肉切成方便食用的大小放入即可。最后可依个人喜好撒上一些干芹菜和黑胡椒碎。

要点

注意避免包裹淀粉过多使汤汁过于黏稠，可以选择在保鲜袋中包裹淀粉或裹好淀粉后拍打几下，去除多余部分，使淀粉变薄。

照烧莲藕鸡块

鸡肉

鸡腿肉

照烧系菜品甜中带辣，光是看着就叫人胃口大开。莲藕带皮切成厚片，口感清脆弹润（不过老人家们享受不了这口福，记得给他们切成薄片）。

材料（2人份）

鸡腿肉	1块
莲藕	100克
盐、胡椒粉	各少许
淀粉	适量
色拉油	2大勺
A ┌ 白砂糖、酱油、水	各1大勺
├ 料酒、醋	各1/2大勺
└ 大蒜酱（管装）	1厘米
熟白芝麻（可选）、熟黑芝麻（可选）、白萝卜苗（可选）	各适量

做法

1. 鸡腿肉切成适口大小，撒上盐、胡椒粉。莲藕洗净去皮切成稍厚的半圆形。均匀裹上一层薄薄的淀粉。

2. 平底锅中倒入色拉油，中火烧热，将做法1的食材摆入，煎熟后翻面，合盖，转中小火煎六七分钟。擦去多余油脂，加入材料A，使其完全包裹鸡肉和莲藕，盛出装盘。最后可依个人喜好添加芝麻和白萝卜苗。

要点

如果鸡胸肉没有完全蒸熟，可以翻面后再加热一两分钟。听到"嘭"的声音也不用在意，笑一笑就过去了。形状不好看的边缘部分可以藏在豆芽下面。

中式辣油浇蒸鸡肉

鸡肉

鸡胸肉

用微波炉就能做的方便料理。鸡胸肉肉质细嫩，含水、含油较少，所以要多扎一些小孔，让盐、白砂糖和水分能被充分吸收。

材料（2人份）

鸡胸肉	1块
A 色拉油、水	各1大勺
白砂糖	1小勺
盐	少许
清酒	2大勺
豆芽	120克
黄瓜	1/3根
B 蚝油、醋	各2小勺
白砂糖、酱油	各1小勺
芝麻油	1/2小勺
辣油、生姜酱（管装）	各少许
熟白芝麻（可选）	适量

做法

1. 用叉子在整块鸡胸肉上扎出小孔（每一面50个以上）。放入保鲜袋中，加入材料A充分揉搓后，放置5分钟。然后放入耐高温的容器中，撒上清酒，轻轻盖上保鲜膜后，放微波炉（600W）中加热5分钟左右。静置冷却。

2. 另取一个耐高温容器，放入豆芽和1大勺水（未包含在材料表中），轻轻盖上保鲜膜后，放微波炉（600W）中加热2分钟左右，用流水冲洗冷却，挤去水分。黄瓜切丝。

3. 将做法1的鸡胸肉切成薄片装盘，把做法2的豆芽、黄瓜放在上面，最后浇上混合好的材料B即可。可依个人喜好撒上一些芝麻。

微波炉版葱香橄榄油煮鸡肉

鸡肉
鸡胸肉

类似于蒜蓉鸡胸，可以当作下酒菜。我不想放太多油，所以煮的时候就把一半的油换成了水。可以配上法棍、抹上黄油食用（未免太不给橄榄油面子了）。

材料(2人份)

鸡胸肉	·························	250克
大葱	·························	1根
A ┬ 白砂糖	··················	1小勺
├ 盐	··················	不到1小勺
└ 大蒜酱（管装）	·········	1厘米
B ┬ 橄榄油	··················	3大勺
└ 水	··················	2大勺
黑胡椒碎（可选）	·········	少许

做法

1. 鸡胸肉削薄后切成适口大小，放入耐高温容器，加材料A充分揉搓。大葱斜切成段，放入同一容器中。

2. 将材料B加入做法1的容器中，轻轻盖上保鲜膜后，放微波炉（600W）中加热四五分钟后取出即可。最后可依个人喜好撒上一些黑胡椒碎。

咸香蛋黄酱
煎鸡胸

鸡肉
鸡胸肉

材料（2人份）

鸡胸肉·····················1块
A ┌ 蛋黄酱、淀粉、清酒··········各1大勺
  │ 鸡高汤粉···················1/2大勺
  │ 白砂糖····················1小勺
  │ 盐·······················1/4小勺
  └ 大蒜酱（管装）、生姜酱（管装）、胡椒粉
                            ·····各少许
色拉油·····················2小勺
小葱葱花（可选）··············适量

做法

1. 鸡胸肉削薄后，用叉子在各处扎孔。将混合好的材料A放入保鲜袋中，加入鸡胸肉充分揉搓，放置15分钟以上。

2. 平底锅中倒色拉油，中小火烧热。放入做法1的鸡胸肉，煎至两面金黄后取出装盘即可。最后可依个人喜好撒上葱花。

要点 用叉子在鸡肉两面各扎10次以上，能使其更为软嫩，夸张一点地说，简直就像鸡腿肉一样！保鲜袋中先放调料再放鸡肉，可以避免出现咸淡不均的情况。

辣味番茄鸡

鸡肉
鸡胸肉

材料（2人份）

鸡胸肉·····················1块
A ┌ 清酒、淀粉·················各1大勺
  │ 白砂糖、色拉油···············各1小勺
  └ 盐、胡椒粉·················各少许
淀粉·······················适量
色拉油·····················2大勺
B ┌ 水·······················2大勺
  │ 番茄酱、白砂糖、醋············各1大勺
  │ 鸡高汤粉···················1小勺
  └ 豆瓣酱····················1/2小勺
卷心菜（切条）················3片

做法

1. 鸡胸肉削薄后，用叉子在各处扎孔。放入保鲜袋中，加入材料A充分揉搓，放置5分钟以上。然后裹上薄薄一层淀粉。

2. 平底锅中倒色拉油，中火烧热。加入做法1的鸡胸肉，煎至两面金黄后，加入混合好的材料B使其完全包裹鸡肉。盘中垫卷心菜，将鸡肉盛出装盘即可。

要点 要是觉得腌肉太麻烦，可以省略其他步骤，只包裹一层淀粉即可。做好的鸡肉非常嫩滑，装盘时要小心掉到地上。这道菜也可以用虾作为主食材，或者说用虾其实才是最正宗的。

要点

扎孔时要稳、准、狠，
不过也要小心别伤到
自己。保鲜袋可以选用
材质较厚的，或套上两
层，避免被鸡骨扎破。

香酥炸翅尖

鸡肉

鸡翅尖

这道菜要说脆呢，可能也没有那么脆，就是比一般的炸鸡脆皮要更厚一点。它的诀窍在于：
先放入脆皮食材的一半与翅尖充分揉搓，然后再放在盘中，裹上剩下的一半脆皮食材。

材料（2人份）

鸡翅尖	·············	8个
A	酱油 ·········	2大勺
	清酒、芝麻油 ·········	各2小勺
	大蒜酱（管装）、生姜酱（管装）··· 各1厘米	
B	淀粉、面粉 ·········	各5大勺
	黑胡椒碎 ·········	1/2小勺
	盐、胡椒粉 ·········	各少许
煎炸油 ·········		适量

做法

1. 在鸡翅尖上划几刀，再用叉子在各处扎
孔。然后放入保鲜袋中，加入材料A揉搓，
在冰箱里冷藏至少15分钟。

2. 将做法1的保鲜袋取出，去除袋子上的
水汽。加入一半材料B充分揉搓后，裹上剩
下一半。

3. 平底锅中倒煎炸油，深度约1厘米，中
小火加热。放入做法2的翅尖炸7分钟左
右，直至两面金黄即可。

葱香辣汁腌翅尖

鸡肉
鸡翅尖

材料（2人份）

鸡翅尖·····································6个
大葱·····································1根
盐·····································少许
淀粉·····································适量
A ┌ 白砂糖、酱油、醋、熟白芝麻·····各1大勺
  │ 料酒·····································1小勺
  │ 大蒜酱（管装）、生姜酱（管装）···各1厘米
  │ 红辣椒碎·····································少许
  └ 黑胡椒碎·····································1/4小勺
芝麻油·····································1大勺

做法

1. 在鸡翅尖上划几刀，撒盐，裹上薄薄一层淀粉。大葱切三四厘米长的小段。

2. 煮锅中放入材料A混合，煮沸后关火。

3. 平底锅中倒芝麻油，中火烧热。将做法1的食材摆入，煎熟后翻面。葱段煎熟后放到做法2的食材中。

4. 平底锅合盖，中小火煎五六分钟。放入做法2的食材，腌制10分钟即可。

要点 不想同时占用两个锅的朋友（估计大家都不想），可以在煎熟翅尖后，擦去平底锅中的油脂，直接加入材料A进行腌制。

味噌酱生菜卷鸡肉

鸡肉
鸡胸肉

材料（2人份）

鸡胸肉·····································1块
盐、胡椒粉·····································各少许
淀粉·····································适量
生菜·····································1/2个
色拉油·····································1大勺
绿紫苏（依个人喜好）、蛋黄酱·····各适量
A ┌ 味噌、烤肉酱（市售）·····各2小勺
  └ 白砂糖·····································1小勺

做法

1. 鸡胸肉削薄后，平放在案板上，盖上一层保鲜膜后用擀面杖擀薄。撒上盐、胡椒粉，裹上薄薄一层淀粉。生菜去掉菜心。

2. 平底锅中倒色拉油，中火烧热。将做法1的鸡胸肉在锅里摆放整齐，煎至两面金黄。

3. 将做法2的鸡胸肉和做法1的生菜装盘，喜欢的话可以再加一些绿紫苏，然后配上蛋黄酱、混合好的材料A，将鸡肉和酱汁卷在生菜中享用。

要点 觉得用擀面杖擀薄太麻烦的话，可以直接将鸡肉切成条。其实我现在甚至不太能理解自己当时是怎么想到要用擀面杖的。

· 猪肉 ·

猪肉

五花肉

咸香猪五花炒卷心菜

这道菜虽然做法简单，但却能带给人们美味的享受。普通的蔬菜炒肉，因为使用的是完整的一块猪五花肉而成为一道极尽奢华的大菜，毕竟平时做饭十次有八次用的都是超市切好的薄肉片。

材料（2人份）

整块猪五花肉	100克
卷心菜	3片
A — 盐、胡椒粉、大蒜酱（管装）	各少许
色拉油	1小勺
B ┬ 鸡高汤粉、芝麻油、酒	各1小勺
└ 盐、胡椒粉	各少许
黑胡椒碎（可选）	适量

做法

1. 猪五花肉切薄片，加材料A抓腌均匀。卷心菜撕成方便食用的大小。

2. 平底锅中倒色拉油，大火烧热。放入做法1的猪五花肉煎至两面金黄。然后放入卷心菜，翻炒几下后加入材料B一起翻炒，最后盛出装盘即可。食用前可依个人喜好撒上一些黑胡椒碎。

要点

抱歉，我接下来说的内容可能算不上什么要点。这照片怎么看不出来是用了一整块的猪五花肉呢，好像和我平时直接买来的薄片也没什么区别啊（我也不知道自己在说什么）。

要点

反正多少都是做，你完全可以按照材料表的两倍来做，还能吃得久一点。炖煮时要时刻注意锅中水量，快熬干时随时加水。摆放鸡蛋的方向可以多加一些变化。

酱油腌水煮猪肉

猪肉

五花肉

这道菜只要将猪肉煮好、腌制入味就可以了。虽然有点花时间，但做法其实很简单。充分入味的软嫩猪肉和饭店比也不相上下。有空的时候请一定要试一下哦。

材料(2人份)

整块猪五花肉·············· 400克
A ┬ 大葱葱叶（可选）············ 1根
  └ 清酒····················· 3大勺
B ┬ 水······················ 1/2杯
  ├ 白砂糖、酱油·········· 各4大勺
  └ 料酒···················· 1大勺
溏心蛋（依个人喜好）··········· 1个
白萝卜苗（可选）··············适量

做法

1. 煮锅中放猪五花肉，加水（未包含在材料表中）至刚好能浸没肉，放入材料A后开火加热。沸腾后转中小火炖煮3小时，直至肉完全变软。然后切成方便食用的大小。

2. 煮锅洗净后，加做法1的猪五花肉和材料B，开火加热。煮沸后开中火，继续煮5分钟。放凉后将肉连带肉汤一起转移到保鲜袋中，依个人喜好加入溏心蛋。保鲜袋封口后在冰箱中冷藏5小时以上（一整晚也可）。

3. 食用时直接将做法2的菜品加热装盘即可。依个人喜好点缀白萝卜苗。

蒜香盐烤五花肉

材料（2人份）

整块猪五花肉	200克
A 清酒	1小勺
鸡高汤粉	不到1小勺
大蒜酱（管装）	1厘米
盐、黑胡椒碎（可选）	各少许
紫叶生菜、绿紫苏（依个人喜好）	各适量

做法

1. 猪五花肉切成5毫米厚的薄片，加入材料A抓腌均匀。

2. 平底锅中不放油，中火烧热，放入做法1的猪五花肉片，煎烤至两面金黄。盘中放紫叶生菜、绿紫苏，依个人喜好将烤肉卷起食用。

要点 最好腌制1小时以上，使猪肉充分入味。煎烤时猪肉会产生大量油脂，过程中可以用厨房纸巾随时擦去油脂，减少罪恶感。

猪五花炒魔芋

猪肉 / 五花肉

材料（2人份）

猪五花肉薄片	100克
魔芋	300克
A 水	1/4杯
白砂糖、酱油	各1/2小勺
料酒	1小勺
日式高汤粉	1/2小勺
辣椒粉（依个人喜好）	适量

做法

1. 猪五花肉切3厘米长的薄片。魔芋用勺子挖成适口大小，冲洗后保留水分，放入耐高温容器中。轻轻盖上保鲜膜后放微波炉（600W）中加热4分钟，沥干水分。

2. 平底锅中不放油，中火烧热。放入做法1的猪五花肉，煎至变色后放入魔芋翻炒。加入材料A，合盖炖煮至锅中仅剩少量汤汁，过程中时不时地搅拌一下。煮好后关火冷却。

3. 食用时只要将做法2的菜品加热装盘即可。可依个人喜好撒上辣椒粉。

要点 用微波炉直接蒸熟魔芋方便省事，冷却后更易入味。不过冷却后可能会产生白色的固体油脂，不要担心，加热之后自然就会消失。

照烧白萝卜
炖五花肉

材料(2人份)

猪五花肉薄片	150克
白萝卜	1/3根
A ┬ 水	1杯
├ 白砂糖、酱油、清酒	各2大勺
├ 料酒	1大勺
└ 大蒜酱（管装）、生姜酱（管装）	各1厘米
B ┬ 水	2大勺
└ 淀粉	1小勺
小葱葱花（可选）	适量

做法

1. 猪五花肉切三四厘米长的薄片。白萝卜削皮后切成1.5厘米厚的半圆形。

2. 平底锅中不放油，中火烧热。加入做法1的猪五花肉，煎熟后放入白萝卜一起翻炒。炒出油脂后加入混合好的材料A，用铝箔盖在上面密封，转中小火炖煮20分钟后关火冷却（如果炖煮过程中汤汁无法没过白萝卜的话，可以适当加水。过程中还要时不时地翻个面）。

3. 食用时将做法2的菜品加热，放入材料B的水淀粉勾芡，盛出即可。最后可依个人喜好撒上葱花。

要点 家常菜的一种，大蒜和生姜使其更添美味。冷却一次后会更加入味。最后不勾芡也很好吃，我也只是想试一试而已。

猪五花炒牛蒡

材料(2人份)

猪五花肉薄片	120克
细牛蒡	1根
A ┬ 白砂糖	1大勺
└ 清酒、料酒、醋	各1/2大勺
酱油	1大勺多
温泉蛋（市售）	1个
熟白芝麻（可选）、小葱葱花（可选）	各适量

做法

1. 猪五花肉切三四厘米长的薄片。牛蒡连皮洗净后削薄片，在水中浸泡3分钟，沥干。

2. 平底锅中不放油，中火烧热。加入做法1的猪五花肉，炒出油脂后加入牛蒡一起翻炒。再炒出一些油脂后，加材料A继续翻炒2分钟左右，加酱油，炒至完全没有水分。

3. 盛盘，加入温泉蛋。最后可依个人喜好撒芝麻和葱花。

要点 不加蛋时适当减少调料用量。稍加点醋会更令人回味无穷，最少可以回味个30分钟吧。

猪肉丸子

猪肉
碎猪肉片

全程不需要用到菜刀。不同于一般的肉馅做法，圆滚滚的丸子不但能让人眼前一亮，还能提升口感。肉丸入口后，便马上松散开来，顺滑易嚼。口味甜辣，适用于便当。

材料（2人份）

碎猪肉片························ 250克
A ┬ 清酒······················· 1大勺
  │ 淀粉······················· 1小勺
  └ 盐、胡椒粉················· 各少许
淀粉····························· 适量
色拉油·························· 1大勺
B ┬ 酱油、料酒················· 各2大勺
  └ 白砂糖、醋、熟白芝麻········ 各1小勺

做法

1. 碎猪肉片中放入材料A，抓腌均匀，揉成适口大小的丸子，裹上薄薄一层淀粉。

2. 平底锅中倒色拉油，中小火烧热，将做法1的肉丸摆放整齐。不停地翻动肉丸使其受热均匀，煎五六分钟，确保其内部完全熟透，取出。

3. 平底锅擦净，放入混合好的材料B，开小火。煮沸后放入做法2的肉丸，使其均匀裹上锅中汤汁。盛出装盘即可。可依个人喜好配上一些蔬菜。

日式猪肉火锅

猪肉
碎猪肉片

用普通的食材做出大餐的感觉。不过如果直接和家里人说"今天吃日式火锅"的话，这道菜
可能就会让他们有些失望，所以我更推荐大家卖个关子，只说"今天吃一道甜辣口味的
肉菜"。

材料（2人份）

碎猪肉片	200克
洋葱	1/2个
金针菇	1/2袋
豆腐	1/2块
A 水	3/4杯
酱油、清酒、料酒	各3大勺
白砂糖	1大勺
日式高汤粉	1/2小勺
鸡蛋	1个
小葱葱花（可选）	适量

做法

1. 洋葱切薄片。金针菇去除根部，分成小株。豆腐切成方便食用的大小。

2. 平底锅中放入材料A、做法1的洋葱，开中小火。洋葱变透明之后放入金针菇、豆腐，煎熟后将碎猪肉片展开平铺在锅中。

3. 鸡蛋打入锅中，合盖煮至半熟即可。最后可依个人喜好撒上一些葱花。

味噌牛油果炒猪肉

猪肉
碎猪肉片

博客上深受好评的一道菜品。因受热而微微融化的牛油果与软嫩的猪肉相得益彰，更添美味。蛋黄酱最好在装盘后直接浇上，比挤在一边蘸着吃更加方便。

材料（2人份）

碎猪肉片 ·· 100克
牛油果 ··· 1个
A ┬ 味噌、白砂糖、清酒 ················ 各2小勺
  │ 酱油、料酒 ···························· 各1小勺
  │ 淀粉 ··································· 1/2小勺
  └ 生姜酱（管装）·························少许
芝麻油 ·· 1小勺
熟黑芝麻（可选）、蛋黄酱（依个人喜好）
··各适量

做法

1. 碎猪肉片中放材料A，抓腌均匀。牛油果去皮后切薄片。

2. 平底锅中倒芝麻油，中火烧热，放入做法1的猪肉翻炒，炒熟后加入牛油果一起翻炒几下，盛出装盘即可。最后可依个人喜好撒上适量芝麻、挤上蛋黄酱。

土豆泥配猪排

猪肉
炸猪排用里脊

推荐这道菜是因为它不仅食材便宜、做法简单，而且从成色来看也十分高级。软嫩可口的猪
里脊肉加上一层厚厚的土豆泥，蘸着甜辣口味的照烧酱，快来尽情享受这美味吧。

材料（2人份）

厚切猪里脊（炸猪排用）…………………2块
土豆……………………………………100克
盐、胡椒粉…………………………………各少许
面粉（或淀粉）……………………………适量
A ┌ 牛奶……………………………………2大勺
  └ 盐、胡椒粉……………………………各少许
色拉油……………………………………1小勺
B ┌ 酱油、料酒……………………………各1大勺
自选蔬菜（可选）…………………………适量

做法

1. 厚切猪里脊去除筋膜，用菜刀轻轻敲打
几下，撒上盐、胡椒粉后，裹上面粉。土
豆洗净后保留水分，用保鲜膜包起来，放
微波炉（600W）中加热三四分钟。剥皮后
用叉子捣碎，加入材料A搅拌均匀。

2. 平底锅中倒色拉油，中火烧热，放入做
法1的猪里脊，煎至两面金黄后盛出。将土
豆泥铺在上面。

3. 平底锅擦净后，放入材料B，开中小火
稍微炖煮一下，浇在做法2的半成品上即
可。最后可依个人喜好配上蔬菜。

米兰风味炸肉排

材料(2人份)

厚切猪里脊（炸猪排用）·····················2块
盐、胡椒粉·······························各少许
面粉··································适量
面包粉································1杯
A ┬ 芝士粉·····························3大勺
  └ 盐、胡椒粉·······················各少许
B ┬ 鸡蛋·····························1个
  └ 色拉油···························1大勺
橄榄油·································4大勺
黄油（或人造黄油）······················1小勺
干芹菜、自选蔬菜（可选）·················各适量

做法

1. 厚切猪里脊去除筋膜，用擀面杖或其他工具敲薄，撒上盐、胡椒粉后裹上薄薄一层面粉。面包粉放在材质较厚的保鲜袋中，用擀面杖或其他工具碾成粉末状，与材料A混合。

2. 将做法1的猪里脊在混合好的材料B中过一下，然后裹上厚厚一层面包粉。

3. 平底锅中放橄榄油、黄油，中火加热。将做法2的猪里脊放入，完全煎熟后切成方便食用的大小，盛出装盘，撒上干芹菜，还可以依个人喜好搭配其他蔬菜。

要点　猪里脊敲打之后看起来会很大，完全不像是120日元就能买到的。我刚刚查了一下，米兰炸肉排用的居然是小牛肉。

白切猪肉蘸柚子胡椒酱

材料(便于制作的分量)

猪里脊································500克
盐···································2小勺
A ┬ 料酒·····························4大勺
  ├ 酱油、清酒·······················各3大勺
  └ 柚子胡椒··························1/2小勺
绿紫苏（依个人喜好添加）·················适量

做法

1. 用叉子在猪里脊各处扎出小孔，加盐抓腌均匀，室温内放置10分钟。

2. 将做法1的猪里脊放入煮锅，加水（未包含在材料表中）至淹没肉，开中火，合盖煮10分钟。将肉翻面，再合盖煮5分钟，关火，冷却。

3. 将材料A放入耐高温容器中，轻轻盖上保鲜膜，放微波炉（600W）中加热1分钟。然后和做法2的猪里脊一起放入保鲜袋中腌制几个小时（若想马上食用可将材料A当做蘸料）。

4. 猪里脊切薄片后盛出装盘即可。可依个人喜好搭配绿紫苏。保鲜袋中剩余的调料可作配料。

要点　尽量减少实际炖煮的时间，充分利用锅的余热，使猪里脊更加软嫩可口。如果切开后发现内部没有熟透，用微波炉或煮锅二次加工一下即可。

· 牛肉 ·

简易版洋葱炖牛肉

牛肉
碎牛肉片

虽然菜色看起来复杂且精致，但其实它的做法超级简单，不需要红酒，更不需要法式多蜜酱汁。碎牛肉片可以替换为猪五花或碎猪肉片。

材料(2人份)

碎牛肉片	250克
盐、胡椒粉	各少许
面粉	1大勺
洋葱	1/2个
蟹味菇	1盒
色拉油	1/2小勺
蒜末	1瓣

A ┌ 水 ……………………………… 1/4杯
 │ 清汤味精 …………………… 1小勺
 │ 番茄酱、伍斯特酱、清酒 …… 各2大勺
 │ 黄油（或人造黄油）、白砂糖 …… 各1小勺
 └ 盐、胡椒粉、速溶咖啡粉（可选）…各少许

热米饭、干芹菜、咖啡伴侣（可选）、黑胡椒碎（可选）………………………………各适量

做法

1. 碎牛肉片撒上盐、胡椒粉后裹上面粉。洋葱切薄片。蟹味菇拆成小株。

2. 平底锅中倒色拉油，放蒜末，小火加热。炒出香气后放入做法1的碎牛肉片翻炒，变色后加洋葱、蟹味菇一起翻炒。然后加入材料A煮至浓稠。

3. 盘中放混有干芹菜的米饭和做法2的菜品。另外可依个人喜好浇上一些咖啡伴侣、撒上黑胡椒碎。

韩国烤肉

牛肉
碎牛肉片

材料(2人份)

碎牛肉片……………………………………150克
A ┌ 白砂糖、酱油、清酒、料酒、芝麻油
  │ …………………………………………各1大勺
  │ 味噌、熟白芝麻……………………各1小勺
  │ 豆瓣酱…………………………………1/2小勺
  │ 大蒜酱（管装）、生姜酱（管装）……各1厘米量
  └ 盐、胡椒粉………………………………各少许
胡萝卜………………………………………50克
韭菜………………………………………1/4把
色拉油………………………………………1大勺
豆芽………………………………………1/2袋

做法

1. 碎牛肉片中加入材料A，抓腌均匀后放置10分钟以上。胡萝卜切丝后，放入耐高温容器中加少量水（未包含在材料表中），轻轻盖上保鲜膜，放微波炉（600W）中加热1分30秒。韭菜切成方便食用的长度。

2. 平底锅中倒色拉油，中火烧热，加入做法1的碎牛肉片翻炒。炒至变色后加入胡萝卜、豆芽，炒软后加入韭菜翻炒即可出锅。

要点	不需要用到韩国辣酱。蔬菜提前在微波炉加热，稍微翻炒一下即可出锅。可以用猪肉代替碎牛肉片，也很美味（这句话总是成立的）。

生牛肉片

牛肉
牛腿肉

材料(2人份)

牛腿肉………………………………………200克
A ┌ 盐…………………………………不到1/2小勺
  └ 胡椒粉、黑胡椒碎……………………各少许
色拉油………………………………………2小勺
蒜片………………………………………1瓣量
B ┌ 白砂糖、酱油、料酒………………各1½勺
  │ 洋葱泥…………………………………1大勺
  └ 柠檬汁…………………………………1小勺
自选蔬菜（可选）……………………………适量

做法

1. 牛腿肉恢复至室温，撒上材料A，抓腌均匀。

2. 平底锅中倒色拉油，放入蒜片，小火加热，炒熟后盛出。放入做法1的牛腿肉，中火煎一两分钟，变色后翻面，整体煎5分钟左右。取出后包上铝箔，放置30分钟。

3. 将材料B放入耐高温容器中拌匀，轻轻盖上保鲜膜，放微波炉（600W）中加热约30秒。

4. 将做法2的牛腿肉切薄片装盘，撒上蒜片，可搭配喜欢的蔬菜。盛出做法3的酱汁，搭配食用。

要点	整体煎一下之后包上铝箔即可！切之前稍微冷冻一下，可以把牛腿肉切得更薄更整齐。做法是按照我个人喜好，所以只有一分熟，大家可以酌情增加煎肉时间。

冷却一次后会让菜更入味。如果勾芡后水分太少，可以加入适量水淀粉，用微波炉加热一下，搅拌均匀即可。

(· 肉馅 ·)

微波炉版肉末炖白萝卜

肉馅
猪肉馅

放入所有材料后用微波炉加热即可！只需一步就能轻松炖煮出软嫩入味的白萝卜，这么想来，好像煮锅都没什么意义了。

材料(2人份)

猪肉馅（或猪、牛混合肉馅）··················80克	
白萝卜··················250克	
A ─ 水··················1/2杯	
白砂糖、酱油··················各1大勺	
淀粉··················1/2大勺	
日式高汤粉··················1/2小勺	
└ 生姜酱（管装）··················1厘米	

做法

1. 将白萝卜皮完全削净，切成1厘米厚的半圆片，放入耐高温容器中。肉馅与材料A混合后浇在白萝卜上，轻轻盖上保鲜膜，放微波炉（600W）中加热9分钟左右。

2. 取出，充分搅拌，装盘。

鸡肉丸子煮豆芽

肉馅

鸡肉馅

将所有食材混合后即可完成的简易鸡肉丸子，放在酱油鸡骨汤中稍加炖煮，便能完成这道
菜。食材加量后可以直接当作火锅吃。将豆芽换成白菜或额外添加菌菇也十分美味，真的是
放什么都好吃的一道菜。

材料（2人份）

鸡肉馅（首选腿部）	200克
豆芽	1/2袋
A 清酒、淀粉	各1大勺
白砂糖、酱油、鸡高汤粉、芝麻油	各1小勺
大蒜酱（管装）、生姜酱（管装）	各1厘米
盐、胡椒粉	各少许
水菜	2株
B 水	2杯半
鸡高汤粉	1大勺
酱油	1小勺
黑胡椒碎（可选）	少许

做法

1. 将鸡肉馅及材料A放入碗中充分搅拌。
水菜切成方便食用的长度。

2. 煮锅中放材料B，中火煮至沸腾后，将
做法1的肉馅捏成丸子依次放入。肉丸漂浮
在水面上之后加入豆芽，继续煮2分钟左右
放入水菜，关火。装盘。最后可依个人喜
好撒上黑胡椒碎。

咖喱芝士焗肉馅鸡蛋

肉馅

猪肉馅

这道菜入选了ESSE的最佳食谱集。在芝士焗通心粉的基础上加入了咖喱风味的肉馅和几个完整的鸡蛋焗烤而成。猪肉馅用微波炉加热，通心粉直接放在酱中煮熟即可，做法简便。

材料(2人份)

猪肉馅（或猪、牛混合肉馅）	80克
鸡蛋	4个
A ┬ 咖喱块（市售）	10克
├ 水	80毫升
└ 番茄酱、伍斯特酱	各1小勺
洋葱	1/4个
黄油	1大勺
面粉	2大勺
牛奶	2杯
通心粉（快熟型）	60克
盐、胡椒粉	各少许
比萨专用芝士	40克
芹菜末（可选）、黑胡椒碎（可选）	各适量

做法

1. 将猪肉馅和材料A放入耐热玻璃碗中，搅松后盖保鲜膜，放微波炉（600W）中加热约4分钟，继续搅拌。洋葱切薄片。

2. 平底锅中放黄油，小火加热至化开，加入做法1的洋葱炒软。均匀撒上面粉，逐量加入牛奶并拌匀。加入通心粉，加热至汤汁浓稠，其间不断搅拌。撒上盐、胡椒粉调味。

3. 将做法2的材料和做法1的肉馅平均分成两份并混合，放入耐高温容器中。分别打入两个鸡蛋。撒上芝士后在烤面包炉（1000W）中加热六七分钟，至鸡蛋半熟即可。可依个人喜好撒上芹菜末和黑胡椒碎。

味噌肉末炒白菜

肉馅
猪肉馅

材料(2人份)

猪肉馅(或猪、牛混合肉馅)·············150克
白菜··1/4个
色拉油··1小勺
大蒜酱(管装)、生姜酱(管装)·······各1厘米
盐、胡椒粉······································适量
A ┬ 水···120毫升
  │ 味噌、白砂糖、酱油··················各1大勺
  └ 淀粉···2小勺

做法

1. 白菜切大块,分离白菜叶和白菜帮。

2. 平底锅中倒色拉油,中火烧热,放入肉馅、大蒜酱、生姜酱翻炒。炒至变色后加入少许盐、胡椒粉,加入做法1的白菜帮继续翻炒,炒软后加入白菜叶。待炒出较多油分后,加入充分混合均匀的材料A,使其充分包裹猪肉馅和白菜。最后加盐、胡椒粉调味即可。

| 要点 | 将淀粉直接溶解于调味料中便可以省去水淀粉。混合材料A时可以先将酱油少量多次加入淀粉中,搅拌溶解,最后加水,以避免结块。 |

味噌蛋黄酱肉丸

肉馅
鸡肉馅

材料(2人份)

鸡肉馅··200克
洋葱··1/4个
A ┬ 味噌、蛋黄酱、淀粉··················各1大勺
  │ 白砂糖······································1小勺
  └ 盐、胡椒粉·······························各少许
色拉油··1/2大勺
绿紫苏(可选)、蛋黄酱··················各适量

做法

1. 洋葱切碎,和鸡肉馅一起放在碗中,加入材料A充分搅拌。平均分成6份,捏成圆饼。

2. 平底锅中倒色拉油,中火烧热,摆入做法1的肉丸。煎至两面微焦后,加水(未包含在材料表中)至肉丸高度的1/4处。合盖,小火煎至锅中没有水分。

3. 如果有绿紫苏的话可以提前放在盘中,将做法2的肉丸盛出装盘,挤上蛋黄酱即可。

| 要点 | 鸡肉馅中加入蛋黄酱,可以让丸子在冷却之后依旧保持软嫩的口感。最后一步是将蛋黄酱放入保鲜袋中,用牙签扎孔后挤在丸子上。 |

(鱼肉)

白肉鱼浇芝麻蛋黄酱

白肉鱼

只需要将烧热的酱汁浇在鱼肉上即可。虽然做法简单，但看起来却十分华丽。里面的酱汁也很适合拌蔬菜沙拉，大家可以多多尝试。

材料(2人份)

白肉鱼（图中为鲷鱼）……………………… 2块
盐、胡椒粉……………………………………各少许
面粉（或淀粉）………………………………适量
色拉油……………………………………… 1/2大勺
自选蔬菜（可选）、黑胡椒碎（可选）……各适量
A ┌ 蛋黄酱、熟白芝麻 ………………… 各1大勺
  │ 水 ………………………………………… 1/2大勺
  │ 白砂糖、酱油 …………………………… 各1小勺
  └ 生姜酱（管装）…………………………少许

做法

1. 鱼肉上撒盐、胡椒粉，裹上薄薄一层面粉。

2. 平底锅中倒色拉油，中火烧热，放入做法1的鱼肉，煎熟。盛出装盘，可以选择配上一些自己喜欢的蔬菜，最后浇上混合好的材料A即可。依个人喜好撒上黑胡椒碎。

油纸包清蒸白肉鱼

白肉鱼

一张油纸让这道菜看起来更添几分精细。在平底锅中装满水清蒸，便能使鱼肉软嫩可口。颇具冲击力的中式汤汁更能勾起人的食欲。

材料（2人份）

鳕鱼	2块
A ┬ 清酒	2小勺
└ 盐、胡椒粉	各少许
大葱	1/4根
鸭儿芹（可选）	1/2把
B ┬ 蒜末	1瓣量
├ 姜末	与蒜末等量
└ 芝麻油	2小勺
C ┬ 酱油	2小勺
└ 白砂糖、清酒	各1小勺

做法

1. 将两块鳕鱼分别放在油纸上，撒上材料A，两端拧住，做成糖果状。大葱一半切丝，一半切葱花。如果有鸭儿芹的话先切成大块。

2. 平底锅中加水，深度约1厘米，开中火。放入做法1中包好的鱼肉，合盖蒸四五分钟。

3. 盛出装盘后打开油纸，放上做法1的葱丝、鸭儿芹。平底锅倒掉剩余的水分并擦净，放入葱花及材料B，开火加热。煎熟后加入材料C。最后将做好的汤汁均匀地浇在鳕鱼肉上即可。

塔塔酱浇鲑鱼

材料(2人份)

生鲑鱼	2块
盐	各少许
淀粉	适量
色拉油	1/2大勺
A 白砂糖、醋	各1大勺
酱油	2小勺
淀粉	1/4小勺
B 煮鸡蛋（切碎）	1个
蛋黄酱	1/2大勺
洋葱末	1大勺
白砂糖	1小勺
醋	1/2小勺
干芹菜（可选）	适量

做法

1. 鲑鱼肉去骨，撒上盐后，裹上薄薄一层淀粉。

2. 平底锅中倒色拉油，中小火烧热，放入做法1的鱼肉，煎至两面全熟。

3. 平底锅擦净后，放入材料A充分搅拌，汤汁变浓稠后将做法2的鱼肉放回锅中，裹上汤汁。盛出装盘，放上混合好的材料B即可。可依个人喜好撒上干芹菜。

要点 只需裹上淀粉煎熟即可享用的方便菜式。塔塔酱虽说是蘸酱，但像配菜一样浇在鱼肉上味道更佳。

柚子醋配葱香炸鲑鱼

材料(2人份)

生鲑鱼	2块
大葱	1根
盐	少许
淀粉	适量
色拉油	3大勺
白萝卜泥、柚子醋、白萝卜苗（可选）	各适量

做法

1. 鲑鱼肉去骨，切成适口大小。撒盐，裹上薄薄一层淀粉。大葱切三四厘米的段。

2. 平底锅中倒色拉油，中火烧热，放入做法1的食材，中火煎至两面全熟。盛出装盘，将白萝卜泥放在鱼肉上，洒上柚子醋即可。可依个人喜好点缀白萝卜苗。

要点 在煎好的鲑鱼上放白萝卜泥，浇上柚子醋即可完成！如果不小心买成了盐渍鲑鱼，可以省略撒盐的步骤直接煎炸，另外多放白萝卜泥、少放醋即可。

鲑鱼煮菌菇

鲑鱼

虽然调料只用了盐和胡椒粉,但它的味道绝对远超你的预期。特别适合搭配红酒或啤酒。可以放在冰箱里冷藏三四天。淋上一点酱油,就能变身为配米饭的小菜。

材料(2人份)

生鲑鱼	2块
杏鲍菇、蟹味菇	各1/2盒
盐、胡椒粉	各适量
面粉	适量
橄榄油	2大勺
蒜末	1/2瓣量
A ┬ 干芹菜(可选)	1/2小勺
└ 黑胡椒碎(可选)	少许

做法

1. 生鲑鱼肉去骨,切成适口大小。撒上少许胡椒粉后,裹上薄薄一层面粉。杏鲍菇从中间纵向切成两段,然后切薄片。蟹味菇分成小株。

2. 平底锅中放橄榄油、蒜末,开小火炒出香气后,放入做法1的鱼肉煎熟。将杏鲍菇、蟹味菇放入锅中,加半勺盐,翻炒后盛出即可。可依个人喜好加入材料A。

照烧青花鱼

青花鱼

这道菜放凉后也很好吃，推荐加入便当。整个过程只有去除鱼骨这一步比较麻烦，你可以自己选择事先去除或者吃的时候再慢慢处理。

材料(2人份)

生青花鱼片	2块
盐	少许
淀粉	适量
色拉油	2小勺
A ┌ 酱油、清酒、料酒	各1大勺
└ 白砂糖	1小勺
熟白芝麻（可选）、小葱葱花（可选）	各适量

做法

1. 青花鱼肉去骨，切成3厘米宽的薄片，撒上盐，裹上薄薄一层淀粉。

2. 平底锅中倒色拉油，中火烧热，整齐放入做法1的鱼肉。煎熟后放入混合好的材料A，使其均匀包裹鱼肉。盛出装盘，最后可以撒上一些芝麻和葱花。

鸡蛋

甜辣风味鸡肉煮鸡蛋

鸡蛋、鸡腿肉

说实话，我都觉得自己做的甜辣口味食谱够多了，但如姜汁烧肉一般美味的汤汁，搭配上柔软嫩滑的鸡蛋，这味道实在令人难以抗拒。不管是直接放在米饭上当作盖饭，还是就着其他蔬菜享用，都别有一番风味。

材料（2人份）

溏心蛋（参考要点）·····················4个
鸡腿肉·····································1块
盐、胡椒粉······························各少许
淀粉······································适量
色拉油···································1小勺
A ┬ 酱油、酒、料酒···············各1½大勺
  │ 白砂糖··························1/2小勺
  └ 生姜酱（管装）···················1厘米
小葱葱花（可选）························适量

做法

1. 鸡腿肉切成适口大小，撒上盐、胡椒粉后，裹上薄薄一层淀粉。

2. 平底锅中倒色拉油，中火烧热后，将做法1的鸡腿肉鸡皮朝下放入，煎至两面金黄。合盖，转小火煎五六分钟。开盖后擦去多余油脂，加入混合好的材料A，使其均匀挂在鸡肉上。关火，放入溏心蛋，均匀裹上汤汁。

3. 将做法2的鸡蛋切成两半，和鸡肉一起装盘。最后可以撒上一些葱花。

要点

装盘时用硅胶刮刀刮净平底锅中的汤汁。完全不必担心造型问题，最后放上的白萝卜泥会把它们都掩盖住。

葱香培根鸡蛋配白萝卜泥

鸡蛋、培根

简单来说，这道菜就是将培根和葱花加入了欧姆蛋中，再浇上芡汁，放上白萝卜泥。虽然食材都很简单，外形也并不亮眼，但光是勾芡这件事就足够带给我们巨大的满足感了。

材料(2人份)

鸡蛋	3个
培根	2片
小葱	1/4把
A ┬ 水	2大勺
└ 盐、胡椒粉	各少许
色拉油	2小勺
白萝卜泥	适量
B ┬ 水	1/2杯
│ 淀粉	1/2大勺
└ 鸡高汤粉、酱油、清酒、料酒	各1小勺

做法

1. 培根切条，小葱切葱花。鸡蛋放碗中打散，加入材料A充分搅拌。

2. 平底锅中放1小勺色拉油，中火烧热，加入做法1的培根翻炒。炒熟后马上加葱花继续翻炒。将炒好的培根和葱花放入蛋液。

3. 轻轻擦净平底锅，放入剩余的色拉油，中火烧热，倒入做法2的蛋液。待其边缘部分凝固后，用长筷子大幅搅拌几下，关火盛出，将白萝卜泥放在上面。

4. 洗净平底锅，放入材料B充分搅拌，开火加热。一边搅拌一边熬煮至浓稠，即成芡汁，将其浇在做法3的半成品上。

鸡蛋和鸡小胸
配中式酱汁

材料(2人份)

溏心蛋·······················3个
鸡小胸·······················2块
清酒·························1大勺
豆芽························1/2袋
A ┌ 大葱葱花····················1/4根量
  │ 蒜末·····················1/2瓣量
  │ 姜末····················与蒜末等量
  │ 白砂糖、酱油、醋···············各1½大勺
  └ 芝麻油····················1/2小勺
白萝卜苗(可选)、熟黑芝麻(可选)·······各适量

做法

1. 煮锅中放入鸡小胸和清酒，加水（未包含在材料表中）至刚好淹没鸡肉，开火加热。沸腾后合盖再煮一两分钟，关火冷却。余热散去后沥干水分，撕成小块。

2. 豆芽放热水中煮1分钟左右，捞出沥干，冷却后挤干水分。

3. 煮锅洗净后放入混合好的材料A，烧开后马上关火。冷却后放入溏心蛋和做法1的鸡肉腌15分钟，其间不时地转动鸡蛋。最后将鸡蛋、鸡肉与做法2的豆芽一起盛出装盘即可。可依个人喜好点缀上白萝卜苗和芝麻。

| 要点 | 若使用管装大蒜酱及生姜酱则各取1厘米。清爽美味的溏心蛋自不必说，充分入味的鸡小胸味道也是不遑多让。豆芽可依个人喜好适量加入。 |

酥炸火腿鸡蛋

材料(2人份)

煮鸡蛋·······················2个
火腿·························8片
A ┌ 蛋黄酱····················2大勺
  └ 盐、胡椒粉、芥末酱（依个人喜好添加）
                             各少许
B ─ 面粉、水···················各3大勺
面包粉、煎炸油··················各适量
自选蔬菜(可选)··················适量

做法

1. 煮鸡蛋切碎，放入材料A充分搅拌。

2. 将做法1的食材平均分为8份，分别放在每片火腿上。将火腿对折后，依次裹上材料B、面包粉。

3. 平底锅中倒煎炸油，深度约1厘米，中火烧热。放入做法2中包好的火腿，炸至两面金黄，盛出装盘即可。可依个人喜好搭配蔬菜。

| 要点 | 算上烧水的时间，鸡蛋一共要煮10~12分钟。裹材料B的时候要按住火腿的边缘，裹上面包粉后火腿自然就能封住口了。 |

鸡蛋西蓝花炒猪肉

鸡蛋、猪五花

虽然只是简单的小炒，但软嫩的鸡蛋和带着蒜香、姜味的猪五花肉，再加上喷香的芝麻油，
让这道看似平凡的家常菜更多了一些美味。

材料（2人份）

鸡蛋	3个
猪五花肉薄片	100克
西蓝花	100克
胡萝卜	50克
A ┌ 大蒜酱（管装）、生姜酱（管装）	各1厘米
└ 盐、胡椒粉	各少许
B ┌ 蛋黄酱、水	各1大勺
└ 盐、胡椒粉	各少许
色拉油	1/2大勺
C ┌ 酱油、芝麻油	各1小勺
└ 盐、胡椒粉	各少许

做法

1. 猪五花肉切3厘米长的薄片，放入材料A
腌制。西蓝花掰小块，胡萝卜切条，一起
放入耐高温容器中。均匀洒上1大勺水（未
包含在材料表中），轻轻盖上保鲜膜后，放
微波炉（600W）中加热2分钟左右。鸡蛋
在碗中打散，加入材料B充分搅拌。

2. 平底锅中倒色拉油，中火烧热，倒入做
法1的蛋液。待其边缘凝固后用刮刀大幅搅
拌，炒至半熟后盛出。

3. 将做法1的猪五花肉放入平底锅中炒熟，
然后加西蓝花和胡萝卜一起翻炒。加材料C
调味，最后加入做法2的鸡蛋混合即可。

豚平烧风味
欧姆蛋

鸡蛋、猪五花

材料(2人份)

鸡蛋·······3个
猪五花肉薄片·······100克
A－ 酱油、盐、胡椒粉·······各少许
卷心菜·······1/8个
B－ 牛奶（或水）·······2大勺
└ 盐·······少许
色拉油·······3大勺
炸面衣·······4大勺
大阪烧专用酱汁（或日式中浓酱汁）、蛋黄酱、柴
鱼片、青海苔粉·······各适量

做法

1. 猪五花肉切成二三厘米的片，加入材料A腌制入味。卷心菜切丝。鸡蛋在碗中打散后，加入材料B充分搅拌。

2. 平底锅中放1小勺色拉油，中火烧热，加入做法1的猪肉翻炒。炒至变色后加入卷心菜，炒软后一起盛出。

3. 平底锅擦净后放入剩余的色拉油，中火烧热，倒入做法1的蛋液。待边缘凝固后用长筷子大幅搅拌，炒至半熟后关火。将做法2的食材与炸面衣一起放在蛋饼上，将蛋饼包好盛出。最后倒上大阪烧专用酱汁、挤上蛋黄酱、撒上柴鱼片和青海苔粉即可。

要点 这道菜出现在我们家的时候，往往意味着卷心菜又剩下了。将卷心菜和炸面衣一起包入，能让它更加美味，口感也更像大阪烧。

肉酱鸡蛋

鸡蛋、肉馅

材料(2人份)

鸡蛋·······3个
猪、牛混合肉馅（或猪肉馅）·······150克
洋葱·······1/4个
色拉油·······1小勺
盐·······少许
面粉·······1大勺
A－ 水·······1杯
番茄酱·······3大勺
伍斯特酱、酒·······各1大勺
└ 白砂糖、酱油·······各1小勺
芝士粉（可选）、干芹菜（可选）·······各适量

做法

1. 平底锅中倒色拉油，中火烧热，加肉馅翻炒。炒至变色后加入切碎的洋葱，撒盐，继续翻炒。洋葱炒软后均匀撒上面粉，加入材料A。时不时搅拌一下，中小火煮至汤汁浓稠。

2. 将鸡蛋打入锅中，合盖加热至鸡蛋半熟即可。最后可以撒上一些芝士粉和干芹菜。

要点 整个做菜过程只需要一个平底锅，做好后也可以直接连锅端上餐桌。这道菜是食谱中的全能型选手，除了与面包是绝配以外，搭配米饭、意大利面也通通不在话下。

关于统筹食材的那些事儿

SYUNKON *Cafe* COLUMN

我不太会统筹安排如何使用食材，也不擅长将做好的东西保存起来，或一次性大批量购买食材。一方面是因为超市离家不远，再加上我的工作性质，所以随时都能去买菜，另一方面如果冰箱里塞满食材并不会让我觉得很安心，反而会强迫性地觉得"得把这个吃了""怎么又剩下你了"。唯一的例外是肉类，我会趁便宜的时候多买一些，但顶多也就 2 盒而已。它被冷冻起来的那一瞬间，在我心里的保质期就自动切换成了永远，所以总会被我扔在冰箱很久。当然其中还有一个理由是我懒得把它分成小份，总是一整盒放在冷冻室里。结果就是每次打开冷冻室的时候，这块巨大的鸡胸肉都会疯狂地向我展示它的存在……可每次我一拿起冻得像砖块一样的它，心里就会想：啊，今天就算了，硬邦邦的……然后每次都会买新的肉回来，先用新的。像猪五花和碎猪肉块这种换得还算勤快，但大的肉块和平时不怎么用得到的食材就只好在"冷宫"里待久一点。几个月是正常发挥，搞不好要半年以上。就拿冰箱最里面的鱿鱼来说，都不知道要放到何年何月了，到时候吃起来肯定也会失去食材原本的风味。其实我经常会暗下决心：今天一定把你吃掉！然后气势汹汹地把它拿出来，放在室温下解冻。可过了一会儿去超市的时候，我又会发现秋刀鱼好便宜！于是便一心想着要烤秋刀鱼，回家之后立马将微微解冻的鱿鱼毫不留情地扔回了冰箱。就在这无数次"半解冻—再冷冻"的过程中，好多食材完全失去了鲜度。不过问题不大，烤一烤也能吃（大家切勿学习我这种行为）。

至于我自己做的饭菜，那更是变本加厉。我那刚刚出锅时闪闪发光的烤肉饼，在被冷冻起来的一瞬间便失去了所有魅力，我心里想着："你已经失去灵魂了"，然后就那样将它打入冷宫。但神奇的是，一旦我将它解冻之后就会像发现新大陆一般，重新感受到它的美味，甚至数落自己到底是为什么冷落它那么久。我会想："这肉汁简直绝了！我要感谢当时做出这种美味的自己！"但下一次把其他菜冻起来的时候，我还是会失忆一般地重复这种行径，真的是没救了。

所以我们家做饭一般都是吃多少做多少，会多做一些留到第二天继续吃的也就只有咖喱、西式炖菜和

猪肉酱汤。不过这些菜我也不会再次加工，都是直接吃的。等孩子们再大一些或者我们的生活方式有

所改变之后，做一次饭吃好多顿或者饭菜再次加工应该都会很方便。美食也有流行和过时之说，像微

波食品、高压锅、做一次饭吃好多顿、冷冻技术、一汁一菜、速食意面，还有平底锅做的盐曲料理、

将蔬菜用50℃温水清洗后制作的罐装沙拉都曾受到大众的追捧。但正所谓物尽其用，只要是方便的、

适合的就是最好的。我们没有必要去否定某种方式，也没有必要将自己喜欢的方式强加给别人。每个

人心里都有自己所认为的流行与过时，这也是所谓的物尽其用。我们不需要和别人比较，只需要找到

适合自己的方法，快乐地生活下去。话说我今天必须得把冰箱那只鱿鱼给解冻了……

饥 肠 辘 辘 好 伙 伴

———

盖饭与面食

本章会介绍一系列做法简单、外形却颇具咖啡馆风格（除了纳豆盖饭和牛肉乌冬面）的主食，炒好菜码配上米饭就能完成的盖饭、仅用微波炉就能做成的意大利面，都是接下来要出场的重磅嘉宾。分量也是诚意十足，工作繁忙的日子里，就让它们来满足你的口腹之欲吧。

（盖饭）

照烧蛋黄酱牛油果鸡胸盖饭

蛋黄酱赋予了这道简单盖饭不同寻常的美味，海苔更是锦上添花！鸡胸肉也是清淡合口。提问：如果换成鸡腿肉呢？答曰：完美！

材料（2人份）

鸡胸肉	……	1小块
牛油果	……	1个
A ┬ 水	……	2大勺
└ 盐、白砂糖	……	各1/2小勺
淀粉	……	适量
小番茄（可选）	……	2个
色拉油	……	2小勺
B ┬ 酱油、清酒、料酒	……	各1大勺
└ 白砂糖	……	1小勺
热米饭	……	2大碗
C ┬ 蛋黄酱	……	1大勺
│ 牛奶、柠檬汁（或醋）	……	各2小勺
└ 白砂糖	……	1/2小勺
熟白芝麻（可选）、海苔碎（可选）	……	各适量

做法

1. 鸡胸肉削薄后用叉子各处扎孔，加入材料A充分揉搓后放置10分钟，裹上薄薄一层淀粉。牛油果去皮、去核，切薄片。如果有小番茄的话平均切成4块。

2. 平底锅中倒色拉油，中火烧热，整齐放入做法1的鸡肉煎至变色。然后合盖继续煎一两分钟，加入混合好的材料B，使其均匀裹在鸡胸肉上。

3. 碗中盛米饭，放上鸡胸肉、牛油果和小番茄，淋上混合好的材料C即可。可依个人喜好添加芝麻和海苔碎。

蒜香牛肉生菜炒饭

甜辣的碎牛肉片隐匿在蒜香炒饭中，看着就让人口水直流。加入生菜后尽快关火，可以保持其清脆的口感，基本接近于完全生吃就可以。

材料(2人份)

碎牛肉片	150克
生菜	4片
蒜末	1瓣量
A 酱油、清酒	各1大勺
白砂糖	1/2大勺
小葱	1/2把
色拉油	4小勺
热米饭	2碗
B 芝麻油	1大勺
盐、鸡高汤粉	各1小勺
胡椒粉	少许
鸡蛋	2个
黑胡椒碎（可选）	少许

做法

1. 碎牛肉片中加材料A充分揉搓。生菜撕小块。小葱切葱花。

2. 平底锅中倒2小勺色拉油，放蒜末，小火加热。炒出香气后转中火，放入做法1的碎牛肉片翻炒。炒至牛肉变色后加入葱花、米饭、材料B一起翻炒，最后加入生菜翻炒几下后迅速盛出。

3. 平底锅擦净，倒入剩余的色拉油，中火烧热，打入鸡蛋，煎好后放到盖饭上即可。最后可依个人喜好撒上黑胡椒碎。

要点

煸出多余油脂时要适量，避免肉汁干瘪。若葱有剩余，可以斜切后浇上点油，放烤面包炉中烤好，搭配柴鱼片和柚子醋做小菜。

葱香五花肉盖饭

猪五花中含油脂较多，为避免猪肉黏滑，可以在芝麻油中加水，减少油腻。把葱切成葱花不但方便快捷，还能作为配菜提味，可谓一举两得。

材料(2人份)

猪五花肉薄片	150克
大葱	1/4根
A ┌ 水	2大勺
│ 芝麻油	1大勺
│ 鸡高汤粉	1/2大勺
│ 大蒜酱（管装）	1厘米
└ 盐、胡椒粉	各少许
热米饭	2碗
黑胡椒碎（可选）、熟白芝麻（可选）	各适量

做法

1. 猪五花肉切成适口大小。大葱切葱花。

2. 平底锅中不放油，中火烧热，放入做法1的猪五花肉煎熟，加葱花翻炒，煸出多余油脂，加入混合好的材料A，均匀裹在肉片上。

3. 将做法2的菜码放到盛好的米饭上。可依个人喜好撒上黑胡椒碎和芝麻。

白萝卜泥梅干肉饼盖饭

鲜嫩厚实的肉饼配上米饭，可谓分量十足，但搭配白萝卜泥、梅干和柚子醋，不但丝毫不会给人以油腻感，反而清新可口。柚子醋和面汁都是我个人很喜欢的调料，在此郑重感谢生产厂家的努力。

材料 (2人份)

猪、牛混合肉馅	250克
洋葱	50克
A ┌ 鸡蛋	1个
├ 牛奶、面包粉	各3大勺
└ 胡椒粉	少许
盐	不到1/2小勺
色拉油	1/2大勺
热米饭	2碗
绿紫苏丝	4片量
白萝卜泥	适量
梅干 (去核拍扁)	2个
B ┌ 柚子醋、面汁 (2倍浓缩)	各1大勺
└ 白砂糖	1/2小勺
黑胡椒碎	适量

做法

1. 洋葱切碎，放入耐高温容器中，轻轻盖上保鲜膜后，放微波炉 (600W) 中加热3分钟左右，静置冷却。材料A充分混合。

2. 碗中放肉馅、撒盐，充分搅拌至肉馅出筋。加入做法1的洋葱及材料A，继续搅拌。然后平均分成两份，定形，挤出空气。

3. 平底锅中倒色拉油，中火烧热，整齐地放入做法2的肉饼，轻轻地在中心压出一个小坑。煎至金黄后翻面，倒入1/4杯水 (未包含在材料表中)，合盖，中小火煎至没有水分。

4. 将绿紫苏丝、做法3的肉饼放在盛好的米饭上，再放上白萝卜泥、梅干、混合好的材料B即可。最后可以撒上一些黑胡椒碎。

要点

大蒜可替换为大蒜酱或直接省去。如果有两个平底锅的话，可以先完成做法3，最后只要加热后浇上酱汁，就能吃到热气腾腾的蛋包饭了。

鸡肉菠菜奶油蛋包饭

这可能是这本书里最长的一篇食谱了，其实简单来说也就三步：①做番茄炒饭；②煎好鸡蛋盖在炒饭上；③做好奶油酱汁浇在最上面。不过味道绝对可以保证。

材料（2人份）

鸡腿肉	1/2块
菠菜	1/2把
洋葱	1/4个
色拉油	6小勺
蒜末	1瓣量
番茄酱	3大勺
热米饭	2碗

A ┬ 伍斯特酱 …… 1小勺
  └ 盐、胡椒粉
       …………… 各少许

鸡蛋 ………………… 4个

B ┬ 牛奶 ………… 4大勺
  └ 盐、胡椒粉
       …………… 各少许

黄油	1大勺
面粉	1½大勺
牛奶	1½杯

C ┬ 清汤味精
  │   …………… 1/2小勺
  └ 盐、胡椒粉
       …………… 各少许

黑胡椒碎（可选）
       …………………… 适量

做法

1. 鸡腿肉切2厘米小块。菠菜切四五厘米长。洋葱切碎。锅中倒2小勺色拉油，中火烧热，加入蒜末、洋葱碎炒软后加番茄酱，炒出水后加米饭翻炒。加材料A，盛盘。

2. 鸡蛋打散，放材料B搅拌。锅中加2小勺色拉油，中火烧热，倒入一半蛋液，煎至半熟，放在做法1的炒饭上。另一半蛋液同上。

3. 平底锅擦净后，放黄油，中火加热至化开，加入做法1的鸡肉翻炒。炒熟后加菠菜翻炒，均匀撒上面粉。少量多次倒入牛奶，边搅拌边加热至浓稠。加材料C调味后，浇在做法2的半成品上即可。最后可根据个人喜好撒上黑胡椒碎。

超满足猪肉茄子味噌盖饭

碎猪肉片	120克
茄子	2根
淀粉	适量
色拉油	适量
A ┌ 味噌、酱油、清酒、料酒	各1大勺
├ 白砂糖	1小勺
└ 大蒜酱（管装）、生姜酱（管装）	各1厘米
热米饭	2碗
小葱葱花（可选）、辣椒粉（可选）	各适量

做法

1. 猪肉裹上薄薄一层淀粉。茄子纵向切成两半，斜切成薄片。

2. 平底锅中倒色拉油，中火烧热，加做法1的食材翻炒。炒熟后加入混合好的材料A，使其充分包裹在食材表面。

3. 将做法2的菜码放在盛好的米饭上即可。可依个人喜好撒上葱花和辣椒粉。

要点

裹上淀粉可以让猪肉更加软嫩。炒茄子时如果油不够，可以再加些油或直接添水，总之要想尽办法将茄子炒软。

香肠纳豆煎蛋盖饭

维也纳香肠	4根
纳豆	2盒
鸡蛋	2个
热米饭	2碗
色拉油	1大勺
盐	少许
酱油（或面汁）、日本调味香松（依个人喜好选择红紫苏等具体口味）	各适量
调味海苔	4小片

做法

1. 将纳豆与附带的酱汁搅拌好，盖在盛好的米饭上。

2. 平底锅中放1/2大勺色拉油，中火烧热，打入鸡蛋煎熟后，撒盐，放在做法1的纳豆上。

3. 加入剩余的色拉油，放维也纳香肠煎熟，然后放在做法1的米饭上。最后淋上酱油、配上调味海苔即可。可依个人喜好撒上调味香松。

要点

其实这道菜能被选到书里我也很震惊，因为我很怀疑它能否称得上是一道食谱。不过我自己每周都会吃三次左右，能保持这个频率大概是因为我每次都只放一根香肠吧。

微波炉版甜辣洋葱猪肉炒饭

材料(2人份)

猪五花肉薄片	200克
洋葱	50克
淀粉	1小勺

A ┬ 白砂糖、酱油 各2大勺
  │ 清酒、料酒 各1小勺
  └ 胡椒粉 少许

热米饭	2碗
自选蔬菜（可选）、熟黑芝麻（可选）	各适量
温泉蛋（市售）	2个

做法

1. 猪五花肉切成适口大小。洋葱切薄片。

2. 猪五花肉放耐高温容器中，裹上淀粉。将洋葱平铺在猪肉上，浇上混合好的材料A，轻轻盖上保鲜膜，放微波炉（600W）中加热5分钟，充分搅拌。

3. 将米饭和做法2的食材一起盛出装盘，可依个人喜好添加一些蔬菜。最后放上温泉蛋、撒上芝麻即可。

要点 将猪五花肉放入耐高温容器后，可以一边用长筷子分开每片猪五花肉一边大致撒上淀粉。洋葱尽量切得更薄。分量加倍时加热时间也要增加到八九分钟。

奶油炖菜盖饭

材料(2人份)

鸡腿肉	80克
洋葱	25克
胡萝卜	30克
水	3/4杯
奶油白酱（市售）	20克
牛奶	2大勺

A ┬ 番茄酱 3大勺
  └ 伍斯特酱 1大勺

热米饭	2碗
盐、胡椒粉、干芹菜（可选）	各少许

做法

1. 鸡腿肉切2厘米小块。洋葱切薄片。胡萝卜切半圆形薄片。

2. 将做法1的食材放入耐高温容器，加水。盖上保鲜膜，边缘留出缝隙，放微波炉（600W）中加热8分钟。放入奶油白酱化开，加牛奶。去掉保鲜膜后继续加热2分钟，充分搅拌。

3. 平底锅中放材料A，小火加热至水分减少，放入米饭翻炒，加盐、胡椒粉调味，盛出装盘，浇上做法2的菜即可。可依个人喜好撒上一些干芹菜。

要点 用市面上卖的白酱和家里的微波炉就能完成的美味。如果汤汁不够浓稠的话可以去掉保鲜膜后，继续加热二三分钟。相反，如果太过浓稠的话可以加入牛奶稀释。

(面) # 微波炉版葱香猪五花意面

将所有材料放进微波炉加热即可！就连煮面的水都差不多能刚好蒸发，做法可以说是非常简单了。但味道绝不简单，包你吃了一次就想吃第二次。

材料(2人份)

猪五花肉薄片	80克
大葱	1/2根
意大利面（煮5~7分钟可熟）	200克
A ┬ 水	450毫升
│ 清汤味精	2小勺
└ 大蒜酱（管装）	1厘米
B ┬ 酱油	2小勺
│ 黄油（或人造黄油）	1小勺
└ 盐、胡椒粉	各少许
黑胡椒碎（可选）	少许

做法

1. 猪五花肉切成方便食用的大小。大葱斜切成薄片。

2. 意大利面对折后放入耐高温容器中，将做法1的食材铺在上面，加入材料A。放微波炉（600W）中加热，在意大利面建议的加热时间基础上多加热5分钟（如果不想对折，可以购买意大利面专用微波炉容器）。

3. 将材料B放入意大利面中充分搅拌，盛出装盘即可。可依个人喜好撒上黑胡椒碎。

番茄沙司培根意面

正宗的番茄沙司也能轻松应对!这道意面很好地掩盖了番茄的酸味,口味温和,是小孩子们都会喜欢的味道。其关键就在于白砂糖。

材料(2人份)

培根	2片
洋葱	1/4个
橄榄油(或色拉油)	1大勺
番茄罐头	400克
A 白砂糖、清汤味精	各2小勺
大蒜酱(管装)	2厘米
盐、胡椒粉	各少许
意大利面	200克
干芹菜、芝士粉、黑胡椒碎	各少许

做法

1. 培根切1厘米宽小片。洋葱切碎。

2. 平底锅中倒橄榄油,中火烧热,放入做法1的食材翻炒。炒软后加入番茄罐头。用刮刀压碎番茄,熬煮至原有体积的2/3,加材料A调味。

3. 意大利面中加少量盐(未包含在材料表中),用热水煮熟,时间比包装上的建议时间少1分钟即可。煮好后将面加入做法2的菜中,并舀入4大勺面汤。盛出装盘,撒上干芹菜、芝士粉、黑胡椒碎。

辣味鳕鱼子蛋酱意面

只要煮好意面，裹上菜就能完成的超简单食谱。蛋黄酱、芝士粉加上新鲜蛋黄，完全就是蛋酱意面的味道！如果不想浪费的话可以打入整个鸡蛋。

材料（2人份）

辣味鳕鱼子	2块
A ┌ 大蒜酱（管装）	1厘米
├ 蛋黄酱、芝士粉	各2大勺
└ 日式高汤粉	2小勺
意大利面	200克
蛋黄	2个
小葱葱花（可选）、海苔碎（可选）	各适量

做法

1. 鳕鱼子去皮揉碎，加入材料A搅拌。

2. 热水中放少许盐（未包含在材料表中），加入意大利面，按包装上建议的时间煮熟。

3. 意大利面沥去水分后放入做法1的食材中，盛出装盘，最后放上蛋黄即可。可依个人喜好选择性加入葱花和海苔碎。

猪肉豆腐日式意面

伴着冰凉豆腐的意大利面。将豆腐捣碎后拌上芝麻沙拉酱，就像清爽版的奶油酱汁一般裹在意面上，带给人全新的美味体验。调味料根据个人喜好调整即可。

材料(2人份)

火锅专用猪五花肉	60克
绢豆腐	1/2块
秋葵	4根
蘘荷	1个
绿紫苏	4片
水菜	1/4把
A ┬ 焙煎芝麻沙拉酱（市售）	80毫升
└ 面汁（2倍浓缩）	3大勺
橄榄油	1/2大勺
蒜末	1瓣量
意大利面	200克
海苔碎（可选）、熟白芝麻（可选）	各适量

做法

1. 猪五花肉放热水中煮至变色，沥干。秋葵撒适量盐（未包含在材料表中），在案板上搓揉使颜色更加鲜艳，焯水，切碎。蘘荷切薄片，绿紫苏切条，水菜切成适口大小。

2. 材料A放碗中混合。平底锅中放橄榄油及蒜末，开小火加热至蒜末变色后，将其放到碗中与材料A一起搅拌。

3. 热水中放少许盐（未包含在材料表中），加入意面，按建议的时间煮熟。用水冲洗，沥干，加入做法2混合好的食材中搅拌。

4. 将做法3的半成品盛出，加入捣碎的豆腐，最后放上做法1的食材、海苔碎和芝麻。

牛肉乌冬面

我现在就已经忍不住流口水了。甜辣的煮牛肉连同汤汁一起浇在乌冬面上，形成关西风味的肉乌冬。甜辣牛肉用微波炉即可完成，煮乌冬也不需要另外占锅，做法十分方便。可以将冷冻乌冬面换成常温的袋装乌冬面。

材料(2人份)	
碎牛肉片（首选五花肉）	100克
大葱	1/2根
A ┌ 白砂糖、酱油、水	各1½大勺
B ┌ 水	3杯
│ 料酒	2大勺
│ 酱油	1大勺
│ 日式高汤粉	1小勺
└ 盐	不到1/2小勺
冷冻乌冬面	2团
七味粉（依个人喜好）	适量

做法

1. 大葱斜切成段。

2. 将碎牛肉片与材料A放入耐高温容器中，轻轻盖上保鲜膜后，放微波炉（600W）中加热3分钟左右。

3. 煮锅中放切好的大葱和材料B，煮至沸腾后直接放入冷冻乌冬面，继续煮2分钟左右。然后盛出装盘，将做法2的牛肉及汤汁浇到面上即可。可依个人喜好选择性添加葱花（未包含在材料表中）和七味粉。

填饱最后一寸胃

———

沙拉、汤、副菜

如果你想尽情享受新鲜的绿叶菜和温暖治愈的热汤，那一定不要错过这一章。食谱中的汤底一般都是用现成的鸡高汤粉，只要提前买好就可以了。虽然算不上主菜，但很多汤的分量也是足够吃饱一顿饭的。

沙拉

鲜虾莲藕豪华沙拉

放入鲜虾的豪华沙拉，适合用来招待客人；莲藕让整个沙拉看起来更加精致，直接带皮吃也很省事。

材料（2人份）

鲜虾（带壳）	6只
莲藕	6厘米
A ┌ 清酒、淀粉	各1大勺
└ 盐	少许
淀粉	适量
生菜	3片
黄瓜	纵向1/2根
小番茄	2个
煎炸油	适量
盐	少许
B ┌ 面汁（2倍浓缩）、水	各1½大勺
│ 芝麻油、醋	各1小勺
└ 熟白芝麻	适量

做法

1. 鲜虾剥壳、去虾线，放入碗中。加入材料A充分揉搓，用清水冲洗后沥去水分，裹上淀粉。莲藕带皮切薄片。生菜撕成适当大小。黄瓜用削皮器削成薄片。小番茄从中间切开。

2. 平底锅中倒煎炸油，深度约5毫米，中火烧热，放入做法1的莲藕，煎炸至两面微焦后捞出。然后放入鲜虾煎熟，给莲藕和鲜虾撒盐。

3. 将做法1的生菜、黄瓜、小番茄和做法2的食材装盘，最后浇上混合好的材料B即可。

芋头鸡肉鳕鱼子蛋黄酱沙拉

说到芋头，很多人只能想到煮和炖两种烹饪方式，而这道菜将会给你一个全新的选择。上传至博客后它也颇受好评，材料、卖相都能够媲美主菜。芋头和鳕鱼子、蛋黄酱的组合就是最棒的！

材料(2人份)

小芋头	120克
鸡腿肉	1/2块
盐、胡椒粉	各适量
紫叶生菜	2片
小番茄	3个
色拉油	1小勺
A ┌ 辣味鳕鱼子（去皮）	1块
蛋黄酱	2大勺
牛奶	1大勺
白砂糖	1小勺
└ 酱油	少许

做法

1. 芋头洗净后沥去水分，用保鲜膜包好，放微波炉（600W）中加热三四分钟，剥皮后切成5毫米厚的圆片。鸡腿肉切成适口大小，撒上少许盐和胡椒粉。紫叶生菜撕成适当大小，小番茄平均切成4块。

2. 平底锅中倒色拉油，中火烧热，放入做法1的鸡肉煎至两面金黄。加入芋头煎至变色后，撒上少许盐、胡椒粉。

3. 将做法1的紫叶生菜、小番茄和做法2的食材盛出装盘，浇上混合好的材料A即可。

番茄杯沙拉

绝对的"网红风格"料理。但它可绝不只是金玉其外，更是货真价实的美味。挖出的番茄肉
可以加盐、白砂糖、橄榄油调味，做成冷汤。

材料(2人份)

番茄	4个
黄瓜	2/3根
蟹味鱼糕	6块
洋葱	1/8个
盐	1/3勺
蛋黄酱	2大勺
苦菊	适量
A— 蛋黄酱、牛奶	各适量

做法

1. 番茄顶部切去1/4左右，底部稍微切去
一些使其更加平稳，挖空里面的番茄肉做
成杯状。

2. 黄瓜切细条。蟹味鱼糕撕成条。洋葱切
薄片后撒盐，用清水冲洗5分钟，挤干水
分。将这些食材混合，拌上蛋黄酱。

3. 将苦菊撕成小块放入做法1的番茄杯
中，然后塞入做法2的食材。装盘，淋上混
合好的材料A即可。

鸡肉牛蒡芝麻酱沙拉

只要有微波炉就能做的简易沙拉。先单独加热牛蒡，然后放上鸡肉一起再次加热，能让鸡肉更加软嫩可口。没有芥末籽的话可以不加。

材料(2人份)

牛蒡·························· 100克
鸡胸肉···························1/4块
A ┬ 清酒························· 2大勺
  └ 白砂糖、酱油、料酒·········· 各1大勺
B ┬ 碾碎的熟白芝麻、蛋黄酱········· 各1大勺
  └ 芥末籽······················· 1小勺
水菜（可选）·························适量

做法

1. 用揉成团的铝箔擦洗牛蒡，然后切条。鸡胸肉切薄片。

2. 将做法1的牛蒡展开放在耐高温容器中，倒入混合好的材料A。轻轻盖上保鲜膜后放微波炉（600W）中加热2分钟左右。然后放入鸡胸肉，再次盖上保鲜膜，继续加热2分钟左右。静置冷却后，将鸡肉撕成方便食用的大小。

3. 材料B放碗中搅拌，加入做法2的食材拌好。盛出装盘。如果有水菜的话可依个人喜好适量添加。

奶油芝士培根土豆沙拉

材料（2人份）

厚切培根	50克
奶油芝士	15克
土豆	250克
橄榄油（或色拉油）	1大勺
盐、胡椒粉	各少许
A ┌ 蛋黄酱	1大勺
└ 白砂糖、醋	各1小勺
干芹菜（可选）	适量

做法

1. 土豆洗净后保留水分，用保鲜膜包好，放微波炉（600W）中加热4分钟后，翻面继续加热1分钟。剥皮，切厚片。厚切培根切粗条。奶油芝士切丁。

2. 平底锅中倒橄榄油，中火烧热，加入做法1的培根翻炒。在锅中空余处放土豆，煎至两面金黄，撒盐、胡椒粉，静置冷却。

3. 材料A放碗中充分混合，加入做法2的食材拌好。盛出装盘，撒上做法1的奶油芝士。可依个人喜好添加干芹菜。

要点 将成块的土豆煎好后放入沙拉，能得到与一般的土豆泥沙拉不同的美味。蛋黄酱和芝士在温度较高的情况下会融化，所以要等到其他食材稍微冷却后再加入。

南瓜沙拉

材料（2人份）

南瓜	200克
洋葱	1/8个
黄瓜	1/3根
盐	少许
切片火腿	1片
A ┌ 蛋黄酱、芥末籽	各1大勺
└ 白砂糖	1小勺
熟黑芝麻（可选）	适量

做法

1. 南瓜去籽、去瓤后，切成3厘米左右的小块。放入耐高温容器，均匀洒上1大勺水（未包含在材料表中）。轻轻盖上保鲜膜后，放微波炉（600W）中加热4分钟，去皮捣烂。

2. 洋葱、黄瓜切薄片，分别撒上少许盐，放置3分钟左右，使其出水。火腿切条。

3. 将做法1、做法2的食材混合后，加入材料A拌好。盛出装盘，依个人喜好添加芝麻即可。

要点 放微波炉加热前可以先用叉子捣软，保持块状。如果家里没有芥末的话也可以多放点蛋黄酱。

西蓝花溏心蛋温沙拉

材料（2人份）

西蓝花	1/2个
溏心蛋	1个
A ┌ 酱油、醋、水	各2小勺
├ 白砂糖、色拉油	各1小勺
└ 日式高汤粉	少许
黑胡椒碎（可选）	少许

做法

1. 西蓝花掰成小块，热水煮熟。溏心蛋平均切成8块。

2. 将做法1的食材装盘，浇上混合好的材料A即可。可依个人喜好撒上些黑胡椒碎。

要点 溏心蛋的做法参考P.71。这道菜中用的酱汁非常百搭，适合各种蔬菜。也推荐大家加入金枪鱼或火腿等。冷藏后也很好吃！

酥香杂鱼培根沙拉

材料（2人份）

培根	15克
小杂鱼干	15克
苦菊	3片
小番茄	2个
生菜、白萝卜苗	各少许
A ┌ 柚子醋	2大勺
└ 白砂糖	1小勺
蛋黄酱	适量
玉米粒罐头	少许

做法

1. 培根切条。耐高温容器中垫一层纸巾，将培根、小杂鱼干隔开放入，放微波炉（600W）中加热1分钟左右。

2. 苦菊撕小片。小番茄去蒂后平均切成4块。生菜切成方便食用的大小。

3. 将做法2的食材、白萝卜苗盛出装盘，浇上混合好的材料A。挤上蛋黄酱，撒上玉米粒，最后将做法1的食材放在最上面即可。

要点 这道菜收藏在我的圣诞特辑中，是以圣诞树为原型做的（可惜不太像）。白萝卜苗和生菜都可以省略，尤其是白萝卜苗，反正加了也几乎看不出来。

要点

蒜片和姜片可以用管装的大蒜酱和生姜酱来代替，不过最好还是用新鲜的（冷冻的也可）。配菜可以选择鸡翅或鸡腿肉，另外还可以依个人喜好加入乌冬面。

汤

鸡翅白菜浓汤

这款汤是我的最爱！有了蒜和姜做底味，其他调料只要稍加一点，就能让汤的味道更加醇厚鲜美。做起来确实很费时间，但只要一直煮就可以，也不费事。煮好后肉质极为软嫩，会自动从骨头上脱落。

材料(2人份)

鸡翅尖	4个
白菜	1/8个
蒜片	1/2~1瓣量
姜片	与蒜片等量
A ┌ 水	5杯
鸡高汤粉	1大勺
└ 盐	1/2小勺
黑胡椒碎（可选）	适量

做法

1. 白菜切成大块。

2. 煮锅中放鸡翅尖、蒜片、姜片、材料A，开火煮沸。合盖转小火炖煮40分钟左右，加入做法1的白菜，继续煮大约10分钟，盛出装盘即可。可依个人喜好撒上黑胡椒碎。

韭菜碎肉香辣浓汤

材料(2人份)

猪肉馅(或猪、牛混合肉馅)……	60克
韭菜……	1/3把
芝麻油……	1/2小勺
蒜末……	1瓣量
姜末……	与蒜末等量
红辣椒……	1根
A ┌ 水……	2½杯
│ 清酒……	1大勺
└ 鸡高汤粉、白砂糖……	各1小勺
味噌、酱油……	各1/2大勺
B ┌ 水……	3大勺
└ 淀粉……	1½大勺
熟白芝麻(可选)、辣油(依个人喜好)……	各适量

做法

1. 韭菜切成方便食用的大小。

2. 平底锅中倒芝麻油,中火烧热,放入肉馅、蒜末、姜末、红辣椒翻炒。肉馅变色后加入做法1的韭菜和材料A。煮沸后关火,放入味噌化开,加酱油调味。再次开火,放入材料B(用水淀粉勾芡)。

3. 将做法2的菜品盛出装盘即可。可依个人喜好撒上芝麻、淋上辣油。

要点 大蒜、生姜、辣椒、辣油,再加上浓稠的芡汁,能够充分温暖你的身体,是一款大补汤。蔬菜可以用白菜或卷心菜替换。

鸡肉炖土豆

材料(2人份)

鸡腿肉……	1块
土豆……	3小个
盐、胡椒粉……	各适量
色拉油……	1小勺
A ┌ 水……	3杯
│ 料酒……	2大勺
└ 清汤味精……	1大勺多
干芹菜末(可选)、芝士粉(可选)……	各适量

做法

1. 鸡腿肉切成适口大小,撒上少许盐、胡椒粉。土豆去皮后切成2~4块,放在水中备用。

2. 平底锅中倒色拉油,中火烧热,放入做法1的食材,煎至金黄。擦去多余油脂后加入材料A,转中小火炖煮20分钟左右,加少许盐调味,最后盛出装盘即可。可依个人喜好添加干芹菜末、芝士粉。

要点 用平底锅煎熟后炖煮即可,可以作为主菜。如果家里的平底锅深度不够,可以在做法2加材料A时将菜品转移到煮锅中。

咸香大葱鸡汤

材料(2人份)

鸡腿肉	1块
大葱	1/3根
芝麻油	1小勺
A ┌ 水	3杯
├ 清酒	2大勺
└ 盐	1/2小勺
鸡高汤粉	1大勺
盐、胡椒粉	各少许
鸭儿芹、白萝卜苗、绿紫苏	各适量

做法

1. 鸡腿肉平均切成两块。大葱切葱花。

2. 平底锅中倒芝麻油，中火烧热，放入做法1的葱花翻炒。加入鸡腿肉，煎至两面金黄后放入材料A，炖煮六七分钟。

3. 盛出做法2的鸡腿肉，切成方便食用的大小。锅中放入鸡高汤粉，放回切好的鸡腿肉。加盐、胡椒粉调味，最后盛出装盘即可。可依个人喜好点缀鸭儿芹、白萝卜苗、绿紫苏。

要点 可以作为主菜。其精华在于用芝麻油炒出的葱香。鸭儿芹、白萝卜苗、绿紫苏都可以忽略，但大家一定要试一试加乌冬面！

鲜虾豆芽豆腐汤

材料(2人份)

鲜虾（带壳）	70克
豆芽	1/3袋
嫩豆腐	1/4块
盐、胡椒粉、芝麻油（依个人喜好添加）	各少许
色拉油	2小勺
蒜末	1/2瓣量
姜末	与蒜末等量
A ┌ 水	2½杯
├ 鸡高汤粉	1大勺
├ 料酒	1小勺
└ 盐、胡椒粉	各少许
鸭儿芹（可选）	适量

做法

1. 鲜虾去壳、去虾线，撒上盐、胡椒粉。豆腐切成大小相同的两块。

2. 平底锅中倒色拉油，中火烧热，放入蒜末、姜末，炒出香气后，加豆芽继续翻炒。炒出油脂后放入做法1的鲜虾，炒至变色后加入材料A煮沸，然后加豆腐继续煮二三分钟。

3. 将做法2的菜品盛出装盘即可。可依个人喜好淋上芝麻油，放上鸭儿芹。

要点 如果用大蒜酱、生姜酱的话则各取1厘米，和豆芽一起加入翻炒。将鸭儿芹替换为香菜，再加上少许柠檬汁，能让这道汤品更富有风味。

任何食材都能用作配菜，
比如豆芽和猪五花、卷
心菜和鸡腿肉、菌菇和粉
丝等。

鸡肉辣汤

5分钟就能搞定的超级快手料理。香辣的肉馅非常下饭，如果家里有小朋友不能吃辣，那只
要去掉豆瓣酱即可。容器可以用图中这种小的双耳蒸锅，或是普通的碗和汤匙。

材料(2人份)

鸡肉馅	80克
小松菜	1/4把
色拉油	1小勺
生姜酱（管装）	1厘米
豆瓣酱	1/4小勺
A ┌ 水	2杯
├ 酱油、鸡高汤粉	各1/2大勺
└ 白砂糖	少许

做法

1. 小松菜切大块。

2. 平底锅中倒色拉油，中火烧热，放入鸡
肉馅、生姜酱、豆瓣酱翻炒。待鸡肉变色
后加入做法1的小松菜继续翻炒。最后加入
材料A，煮沸后继续再煮一两分钟即可。

要点

山药保持口感清脆会更加美味，所以只要将表面煎熟即可。如果觉得剥皮太麻烦或者讨厌山药湿滑的触感，可以直接带皮（要洗干净哦）煎，味道也很棒。

 副菜

梅干芥末猪五花山药

这是一道百分百成功食谱，只要将煎熟的食材摆盘即可。梅干和芥末可以完全中和猪五花的油腻，加上清脆可口的山药，可谓绝配。猪肉可以选用现成的薄片或直接用培根替代。

材料（2人份）

山药······	8厘米
整块猪五花肉······	100克
紫苏腌梅干······	1个
盐、胡椒粉······	各少许
芥末酱······	适量

做法

1. 山药剥皮后切厚片。猪五花肉切薄片。梅干去核后用菜刀拍打几下。

2. 平底锅中不放油，中火烧热，整齐放入做法1的猪肉，煎至两面金黄后，撒上盐、胡椒粉，盛出。整齐放入山药，撒上盐、胡椒粉，煎至两面金黄后盛出。

3. 将做法2的山药、猪肉按顺序依次摆盘，最后放上做法1的梅干和芥末酱即可。

玉米卷心菜拌咸海带

材料(2人份)

卷心菜	2片
玉米粒罐头	2大勺
A ┌ 咸海带	2大勺
├ 芝麻油	1大勺
├ 熟白芝麻	1小勺
└ 盐	少许

做法

卷心菜切大块，和玉米粒一起用材料A拌在一起即可。

要点

这道菜是在居酒屋的必点菜——在咸海带拌卷心菜的基础上加入了玉米粒。咸海带的量用差不多2大勺就行，不用太准确。之后可以尝下咸淡，再适当加量。

肉馅茶碗蒸

材料(直径8厘米的耐高温容器，2个)

猪肉馅(或猪、牛混合肉馅)	50克
A ┌ 酱油、清酒	各1/2小勺
└ 生姜酱(管装)、白砂糖	各少许
鸡蛋	1个
B ┌ 热水	1杯
├ 酱油、料酒、日式高汤粉	各1/2小勺
└ 盐	少许
C ┌ 水	4大勺
├ 鸡高汤粉、白砂糖、清酒、淀粉	
└	各1/2小勺
芝麻油	少许
小葱葱花(可选)	适量

做法

1. 猪肉馅用材料A腌制后放入耐高温容器。

2. 鸡蛋打入碗中，加入混合、冷却后的材料B充分搅拌。用滤茶器或其他工具将混合后的蛋液滤入做法1的容器中，盖上一层铝箔。

3. 平底锅中垫上一层纸巾后加水，深度约1厘米，小火加热。沸腾后放入做法2的容器，合盖蒸10分钟左右(若蛋液未凝固则适当追加加热时间)。

4. 平底锅洗净后，放入材料C，开小火。一边用刮刀搅拌一边将水分煮干，最后加入芝麻油搅拌，浇在做法2的茶碗蒸上即可。可依个人喜好撒上葱花。

要点

用平底锅做起来超简单！食材只需要鸡蛋和猪肉馅，味道却让人恨不得立马就上一碗米饭狼吞虎咽下去。如果家里的平底锅深度不够，可以直接用煮锅做。

葱香炒菌菇

材料(2人份)

蟹味菇	100克
金针菇	100克
A┌ 大葱葱花	25克
│ 芝麻油	1大勺
│ 鸡高汤粉	1小勺
└ 胡椒粉、大蒜酱（管装）	各少许
黑胡椒碎（可选）	少许

做法

1. 蟹味菇拆成小株。金针菇切去根部，分成小株。

2. 将做法1的食材放入耐高温容器，浇上混合好的材料A，轻轻盖上保鲜膜后，放微波炉（600W）中加热3分钟。搅拌均匀，盛出装盘即可。可依个人喜好撒上黑胡椒碎。

要点 菌菇放得时间太长会释出水分，所以最好加热后马上食用。或稍微多加一些鸡高汤粉，避免水分释出后味道太淡。

葱香芝麻辣油
豆芽炒鸡胸

材料(2人份)

鸡小胸	2块
小葱	2根
豆芽	1/3袋
清酒	2大勺
A┌ 酱油、芝麻油	各1大勺
└ 白砂糖、醋、熟白芝麻	各1小勺
辣油	少许

做法

1. 豆芽过热水，挤去水分。将小葱切成方便食用的大小。

2. 煮锅中放鸡小胸和清酒，加水（未包含在材料表中）至刚好没过食材，开中小火加热。沸腾后继续煮一两分钟，关火，合盖，静置冷却后将鸡肉撕成方便食用的大小。

3. 材料A放碗中搅拌混合，加入做法1和做法2的食材拌好，盛出装盘，淋上辣油即可。

要点 放有芝麻油、醋、辣油的中式拌菜。按照食谱中的食材用量，鸡小胸会有点多，可以将食材量改为1块鸡小胸和1/2袋豆芽。小葱可以不放。

柚子胡椒酱炸杏鲍菇

在杏鲍菇的切口处涂上一层薄薄的柚子胡椒后，裹上面包粉煎炸即可。口感外酥里嫩，让人满口生香。用作脆皮的面糊不用加鸡蛋，且分两步放入，制作过程更加轻松。

材料（2人份）

杏鲍菇……………………………………2根
柚子胡椒……………………………………适量
A－ 面粉、水……………………………各3大勺
面包粉、煎炸油、柠檬（依个人喜好）…各适量

做法

1. 杏鲍菇纵向切成两半，自伞盖向根部划出一个切口，里面涂上柚子胡椒。然后按照材料A、面包粉的顺序给杏鲍菇挂上面糊。

2. 平底锅中倒煎炸油，深度约1厘米。中火烧热后，加做法1的杏鲍菇煎炸至两面金黄，盛出装盘。最后可依个人喜好选择搭配柠檬。

蛋黄酱蔬菜温沙拉

材料(2人份)

胡萝卜·····································50克
洋葱·······································50克
西蓝花·····································70克
绿芦笋·····································60克
鸡蛋·······································2个
A┌ 蛋黄酱·································2大勺
 └ 盐·······································少许
色拉油·····································2小勺

做法

1. 胡萝卜切长条。洋葱切成船形块后，再从中间切成两半。西蓝花掰成小株。绿芦笋剥去根部硬皮，切成两半。

2. 将做法1的食材放入耐高温容器中，放少许盐、1大勺水（未包含在材料表中）。轻轻盖上保鲜膜后，放微波炉（600W）中加热2分30秒~3分30秒，盛出。

3. 鸡蛋放碗中打散，加入材料A搅拌。平底锅中倒色拉油，中火烧热，倒入蛋液。用长筷子搅拌几下，煎至半熟后，倒在做法2的半成品上即可。

要点 将满满蛋黄酱的欧姆蛋当做酱汁的创意沙拉。混合蛋黄酱和鸡蛋时只要保证它们不分层就行。

芝麻酱油菠菜拌鸡胸

材料(2人份)

菠菜·······································1/2把
鸡小胸·····································1块
清酒·······································2大勺
A┌ 熟白芝麻·······························1大勺
 └ 白砂糖、酱油·························各1小勺
焙煎芝麻沙拉酱·····························适量

做法

1. 煮锅中放水烧开，加入菠菜，煮15秒左右，放冰水冷却。沥干，切成方便食用的大小。

2. 煮锅洗净，放入鸡小胸和清酒，加水（未包含在材料表中）至刚好没过食材，开中小火加热。煮至沸腾后继续煮一两分钟，合盖关火。静置冷却后，将鸡肉撕成方便食用的大小。

3. 材料A放碗中搅拌混合，加入做法1和做法2的食材拌好。盛出装盘，浇上焙煎芝麻沙拉酱即可。

要点 原本口味清淡的拌菜浇上焙煎芝麻沙拉酱，口感更加浓郁。为了提升菜品的高级感，建议使用平底盘而非小碗装盘，芝麻沙拉酱均匀浇在拌菜表面即可。

营养均衡好搭配

———

咖啡馆套餐

比起单个菜品，配有沙拉、热汤的套餐总是带给人更大的满足感。本章中出现的套餐除了主菜费些工夫以外，副菜都是能简化则简化，不会占用你太多时间。其中包括有日式、西式、中式等各种风格，各位可以按照心情和厨房存货来自由组合搭配。

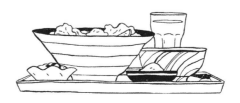

夏威夷汉堡排盖饭套餐

我其实并没有在夏威夷吃过原汁原味的汉堡排盖饭，用这个名字着实是有些心虚，不过这个套餐真的是能量满满。肉排中的洋葱如果懒得专门炒熟，可以直接放在耐高温容器中用微波炉加热两三分钟。

RECIPE 1
RECIPE 2
RECIPE 3

要点

为了避免食材剩余，我直接在肉饼中加入一整个鸡蛋，这样能使肉质更加软嫩。煎肉饼的同时要用锅铲调整其形状。

1 汉堡排盖饭

材料(2人份)

猪、牛混合肉馅·····························200克
洋葱······································1/8个
色拉油·····································3小勺
A ┬ 面包粉、牛奶·······················各3大勺
　└ 鸡蛋·································1个
盐······································1/3小勺
胡椒粉····································少许

B ┬ 番茄酱、伍斯特酱·················各3大勺
　└ 红酒（或清酒）·····················2大勺
热米饭····································2碗
煎鸡蛋····································2个
紫叶生菜、牛油果、小番茄、蛋黄酱、黑
胡椒碎（可选）····························各适量

做法

1. 洋葱切末。平底锅中放1小勺色拉油，中火烧热。加入洋葱翻炒，静置冷却。放入混合好的材料A中浸泡备用。

2. 碗中放肉馅和盐充分搅拌。加入做法1的食材、胡椒粉。充分搅拌混合后，平均分成两份，捏成圆饼状，在圆饼中央按出一个凹陷。

3. 中火烧热平底锅中剩余的色拉油，整齐放入做法2的肉饼。煎至两面金黄后，加水（未包含在材料表中）至肉饼高度1/4处，合盖继续煎至水分全部蒸发。盛出肉饼，放入材料B，稍微炖一会儿。

4. 盛好的米饭上先垫一层紫叶生菜，然后放上做法3的肉饼和煎鸡蛋，配上牛油果和小番茄。浇上做法3的酱汁，挤上蛋黄酱即可。可依个人喜好撒上黑胡椒碎。

2 烤土豆条

材料(2人份)

土豆······································1大个
A ┬ 色拉油······························2小勺
　└ 盐、胡椒粉··························各少许

面粉（或淀粉）、盐、胡椒粉············各适量

做法

1. 土豆清洗干净后带皮切成船形，刷上材料A后，裹上薄薄一层面粉。

2. 烤盘垫一层吸油纸，将做法1的土豆摆好，烤箱预热220度，烤25~30分钟，最后撒上盐、胡椒粉即可。

3 鲜榨橙子汽水

材料(2人份)

橙汁（100%纯果汁）······················1杯
A ─ 水、白砂糖（依个人喜好）········各2大勺

苏打水···································1杯

做法

1. 将材料A放入耐高温容器中，放微波炉（600W）中加热10秒左右，使白砂糖化开。

2. 玻璃杯中放水（未包含在材料表中），倒入橙汁和苏打水，依个人喜好加入做法1的材料即可。

培根菌菇意面

材料(2人份)

培根··································· 2片
自选菌菇（灰树花、金针菇、香菇）··· 合计120克
意大利面··························200克
盐······································适量
橄榄油（或色拉油）··················· 3大勺

蒜末·································· 1瓣量
红辣椒（可切薄片增加辣度，可选）········· 1根
酱油··································2小勺
黑胡椒碎、芝士粉、芹菜末、面包···各适量

做法

1. 培根切条，菌菇切成（或掰成）方便食用的大小。

2. 热水中加盐，放入意大利面，比包装上的建议时间少煮1分钟。

3. 平底锅中放橄榄油、蒜末，有红辣椒的话也一起放入，开小火。炒出香气后放入做法1的
培根，炒熟后加菌菇继续翻炒。炒出油脂后加1/4小勺的盐，搅拌混合。

4. 将做法2的面汤加一汤勺到做法3的食材中，混合均匀，放入煮好的意大利面。加酱油，关
火，加入食盐调味。盛出装盘，撒上黑胡椒碎、芝士粉、芹菜末，最后搭配面包食用即可。

胡萝卜沙拉

材料(2人份)

胡萝卜·····························70克
色拉油（或橄榄油）·················· 1/2大勺

A ┬ 醋··································· 1大勺
  │ 白砂糖····························1/2大勺
  └ 盐、胡椒粉···························各少许

做法

1. 胡萝卜切条，放入耐高温容器，均匀洒上色拉油，轻轻盖上保鲜膜后，放微波炉（600W）
中加热1分钟左右。

2. 将混合好的材料A放入做法1的容器中，拌好即可。

玉米卷心菜清汤

材料(2人份)

卷心菜····························· 1片
玉米粒（罐头或冷冻）·················· 1大勺

A ┬ 水··································· 2杯
  │ 固体法式清汤（打碎）·················· 1个
  │ 白葡萄酒（或清酒）·················· 1小勺
  └ 盐、胡椒粉···························各少许

做法

将材料A放入煮锅中煮沸，卷心菜撕成小块放入，加入玉米粒。待卷心菜煮软后，加盐、胡椒
粉调味即可。

RECIPE 2

RECIPE 3

RECIPE 1

要点

食谱中胡萝卜的加热时间非常短，这是为了使它保持甜脆多汁的口感。喜欢吃软一些的朋友可以适当延长加热时间。制作套餐中的清汤甚至连菜刀都不用，就是这么简单！

培根菌菇意面套餐

酱油蒜香搭配上菌菇培根，组合成了令人食指大动的喷香美味。意面中加入大量面汤（多到让人误以为是汤意面），包裹上意面后马上关火，最大限度保持意面中的水分。

要点

糖醋猪肉的酱汁中已经加入了淀粉，所以不需要再另外准备水淀粉。将猪肉放回锅中后要马上关火，然后挂上酱汁。如果过程中发现熬得太干，可以直接加水稀释。

中式咖啡馆套餐

不用油炸就能做的糖醋猪肉套餐（不知道是不是咖啡馆风格）。整块猪肉可以替换为碎猪肉片，捏成丸子。至于莲藕和甜椒，也都可以换成自己喜欢的其他蔬菜。

RECIPE 1 免炸糖醋猪肉

整块猪肉（里脊或腿肉）·····················200克
A ┌ 大蒜酱、生姜酱（管装）··········各1厘米
  └ 盐、胡椒粉································各少许
淀粉···适量
莲藕···5厘米
红色甜椒··1/2个
色拉油···适量

B ┌ 水····································1/4杯
  │ 白砂糖、醋、番茄酱···············各2大勺
  │ 酱油································1大勺
  │ 鸡高汤粉······························1/2小勺
  └ 淀粉··································1/2小勺
熟白芝麻（可选）、白萝卜苗（可选）···各适量

做法

1. 猪肉切成适口大小，放入材料A腌好后，裹上薄薄一层淀粉。莲藕去皮切成较厚的半圆形，甜椒乱刀切成小块。

2. 平底锅中放2大勺色拉油，中火烧热，放做法1的莲藕、甜椒，煎熟后盛出。再加一两大勺色拉油，加入猪肉，煎至两面金黄后盛出。

3. 平底锅擦净后，放入混合好的材料B充分搅拌，煮沸后将做法2的食材放回锅里，挂上汤汁，盛出装盘即可。可依个人喜好撒上芝麻、放上白萝卜苗。

RECIPE 2 中式裙带菜鸡蛋汤

干裙带菜···2小勺
鸡蛋液···1个量
A ┌ 水····································2½杯
  └ 鸡高汤粉······························1大勺

芝麻油···1/2小勺
B ─ 盐、胡椒粉、酱油··················各少许
小葱葱花（可选）·································适量

做法

煮锅中加入材料A，煮沸后放入裙带菜，慢慢绕圈倒入蛋液。加入芝麻油，放材料B调味，盛出。可依个人喜好选择撒上葱花。

RECIPE 3 黄瓜拌豆芽

黄瓜···1/3根
豆芽···1/3袋

A ┌ 白砂糖、醋····················各1大勺
  │ 酱油································1/2大勺
  │ 芝麻油······························1小勺
  └ 熟黑芝麻（可选）·················适量

做法

1. 黄瓜切条。豆芽放热水中煮1分钟左右，用筛子捞起，沥干水分。

2. 碗中放材料A搅拌混合，加做法1的食材拌好即可。

RECIPE
②

RECIPE
①

要点

我做沙拉用的法式沙拉酱，比一般的要少些油，口味也更偏酸甜，各位可以按照自己的口味适量加盐。

咖喱肉馅炸茄子套餐

无需炖煮，只要平底锅就能完成的咖喱，搭配酸甜口味的沙拉，组成了这个套餐。觉得用两个平底锅太麻烦的话，可以先把茄子和莲藕炸出来，擦去油脂后继续用同一个锅做咖喱。

 ## 咖喱肉馅炸茄子

材料(2人份)

猪肉馅（或猪、牛混合肉馅）	100克	水	1½杯
茄子	1根	A 番茄酱	1大勺
洋葱	1/4个	伍斯特酱、料酒	各1小勺
莲藕	2厘米	速溶咖啡（可选）	少许
咖喱（市售）	2块	煎炸油、水菜（可选）	各适量
色拉油	1小勺	热米饭（首选杂粮饭）	2碗
蒜末	少许	溏心蛋	2个

做法

1. 洋葱切末。茄子不去蒂，直接纵向切成6份。莲藕带皮切薄片。咖喱块切碎。

2. 平底锅中倒色拉油，中火烧热，放入做法1的洋葱和蒜末翻炒。炒软后放入肉馅继续翻炒。肉馅变色后放入咖喱块、水、材料A，稍微炖煮一会儿。

3. 取另一只平底锅，倒入深度约1厘米的煎炸油，中火烧热，放入做法1的茄子、莲藕，炸熟。

4. 将做法2的食材放在盛好的米饭上，放上做法3的食材和切成两半的溏心蛋即可。可依个人喜好搭配水菜。

 ## 煎杏鲍菇拌生菜

材料(2人份)

生菜	4片	A 醋	1大勺
杏鲍菇	2根	色拉油	1/2大勺
色拉油	2小勺	白砂糖	1小勺
盐、胡椒粉	各少许	盐	少许
小番茄	4个		

做法

1. 生菜撕成合适大小。杏鲍菇纵向切薄片。

2. 平底锅中倒色拉油，中火烧热，放入做法1的杏鲍菇煎至两面金黄，撒上盐、胡椒粉。餐盘中放入做法1的生菜、小番茄，浇上混合好的材料A即可。

RECIPE **1** 香辣味噌炖青花鱼

RECIPE

材料(2人份)

青花鱼块·······················2块	白砂糖·······················1大勺
大葱·························1/2根	酱油·························1/2大勺
木棉豆腐·······················1/4块	豆瓣酱·····················1/2~1小勺
A ┌ 水·······················1/2杯	姜末·························少许
└ 清酒、料酒、味噌·········各2大勺	白萝卜苗(可选)·················适量

做法

1. 在青花鱼带皮一侧切"十"字形切口,焯热水后取出。葱切成方便食用的长度。豆腐平均切成两块。

2. 平底锅中放料料A,开火煮至沸腾后加入做法1的食材,盖上落盖[1],转中小火继续煮七八分钟,过程中不断将汤汁浇在食材上。煮好后盛出即可。可依个人喜好搭配白萝卜苗。

---

1 比锅稍小一点的、直接盖在食物上的盖子。一般为木制,也可以用耐热硅胶、耐热纸、铝箔纸代替。

 RECIPE **2** 芝麻沙拉杂鱼拌小松菜

材料(2人份)

小松菜···················1/2把	
A ┌ 小杂鱼干、酱油、醋·········各1大勺	
└ 白砂糖、熟白芝麻、色拉油···各1小勺	

做法

小松菜切成方便食用大小,盛出装盘后,浇上混合好的材料A。

 RECIPE **3** 土豆沙拉

材料(2人份)

土豆···················200克	盐·························少许
切片火腿·····················2片	A─ 白砂糖、醋·············各1/2大勺
黄瓜·······················1/3根	蛋黄酱·······················2大勺
洋葱·······················1/8个	

做法

1. 土豆洗净后保留水分,用保鲜膜包好后,放微波炉(600W)中加热五六分钟。剥皮,捣成土豆泥。火腿切条。黄瓜和洋葱切薄片,撒盐,变软后沥去水分。

2. 将做法1的食材一起放在碗中,加入材料A拌好即可。使用之前记得先挤上蛋黄酱,搅拌均匀。

香辣味噌炖青花鱼套餐

放入少量豆瓣酱的炖青花鱼味道更加下饭，吃起来甜辣爽口，里面的豆腐也堪称一绝。小松菜直接用生的凉拌即可。最后一道土豆沙拉更不用说了，一直都是超简单沙拉的代表。

要点

青花鱼中如果不放豆瓣酱，做出的就是极为清淡的味噌炖青花鱼，这时要适当减少白砂糖的量。落盖可以直接用铝箔纸代替。

夏日蔬菜三明治套餐

集南瓜的甜软、火腿的咸香、芝士的细腻于一体的超绝三明治套餐。果汁可以不用专门的榨汁机，靠手动挤出即可，但是浓度会因握力大小不同而有所差别。

要点

为了让三明治被蔬菜中的水分浸透，可以在面包上涂一层黄油，将番茄藏在火腿和芝士中间。套着保鲜膜直接切开能让切口更整齐。

RECIPE

夏日蔬菜三明治

材料（2人份）

南瓜·······························100克
黄瓜·································1/2根
番茄·································1/2个
吐司································ 4片
黄油（或人造黄油）················适量
火腿······························· 2片

紫叶生菜·························· 4片
芝士································· 2片
A ┬ 蛋黄酱·························2大勺
  └ 柠檬汁、白砂糖、黑胡椒碎（可选）
  ·····························各少许
西式腌菜（市售，可选）·············适量

做法

1. 南瓜去蒂、去瓤后切成适口大小，放入耐高温容器中。加1小勺水（未包含在材料表中），轻轻盖上保鲜膜后，放微波炉（600W）中加热三四分钟，切薄片。黄瓜切薄片。番茄去蒂，切成1厘米厚的圆片。

2. 吐司放烤面包机中烤好后，单面涂黄油。在2片吐司上放相同量的火腿、做法1的食材、芝士、紫叶生菜，最后将混合好的材料A倒在上面，盖上另外2片吐司。分别用保鲜膜包好后，沿对角线切成两份。最后揭掉保鲜膜装盘即可。如果有西式腌菜的话可以配上一些。

 RECIPE

煎土豆块

材料（2人份）

土豆·······························200克
色拉油······························ 1大勺

A ┬ 清汤味精························· 1小勺
  └ 盐、胡椒粉·····················各适量

做法

1. 土豆洗净后保留水分，用保鲜膜包好后，放微波炉（600W）中加热四五分钟。取出，剥皮后切成方便食用的大小。

2. 平底锅中倒色拉油，中火烧热，摆入做法1的土豆块煎至两面金黄，裹上材料A即可。

 RECIPE

鲜榨葡萄柚汁

材料（2人份）

红宝石葡萄柚······················ 1个
A ┬ 水······························4大勺
  └ 白砂糖·························1大勺

苏打水·····························1½杯

做法

1. 红宝石葡萄柚切成两半，将其中半个的果肉挖出，另外半个榨成果汁。

2. 将材料A放入耐高温容器中，轻轻盖上保鲜膜后，放微波炉（600W）中加热1分钟左右，使白砂糖化开。

3. 将做法1的果肉和果汁放入玻璃杯中，加水（未包含在材料表中）和苏打水，放入做法2的食材搅拌均匀即可。

RECIPE 1 香酥嫩煎鸡排饭

材料(2人份)

鸡腿肉·····2小块	B ┬ 红辣椒（可选，去籽后切片）·····少许
A ┬ 大蒜酱（管装）、生姜酱（管装）	│ 白砂糖、醋·····各1大勺
│ ·····各1厘米	│ 酱油·····2小勺
└ 盐、胡椒粉·····各少许	└ 耗油·····1/2小勺
淀粉、色拉油·····各适量	热米饭·····2碗
鸡蛋·····2个	紫叶生菜、切片柠檬、小葱（可选）···各适量

做法

1. 去除鸡腿肉筋膜，将其放平，使厚度均匀。用材料A腌制后，裹上薄薄一层淀粉。

2. 平底锅中倒色拉油，中小火烧热，将做法1的鸡肉鸡皮朝下放入锅中，保持中小火慢煎，过程中要及时擦去多余油脂。煎至八分熟后再继续煎一两分钟。放凉后切成方便食用的大小。

3. 平底锅洗净后，倒色拉油，中火烧热，打入鸡蛋，做煎蛋。

4. 平底锅再次洗净，放入材料B，待煮沸后马上关火。

5. 盛好的米饭先垫一层紫叶生菜，放上做法2的食材和做法3的煎蛋，将做法4的酱汁全部浇上，放上柠檬和小葱。

RECIPE 2 凉拌豆芽

材料(2人份)

豆芽·····1/2袋
A ┬ 芝麻油·····1大勺
└ 盐、熟白芝麻·····各1/2小勺

做法

1. 豆芽放热水中煮一两分钟，用筛子捞出后放凉，沥去水分。

2. 将材料A放入碗中搅拌混合，加入做法1的豆芽拌好即可。

RECIPE 3 牛油果沙拉

材料(2人份)

牛油果·····1个	A ┬ 酱油、醋·····各1/2大勺
洋葱·····1/8个	│ 料酒·····1/2小勺
蛋黄酱·····适量	└ 芥末酱·····少许

做法

1. 洋葱切末，放到混合好的材料A中腌制至少5分钟。牛油果纵向切两半，去核后将果肉挖出，放入碗中。皮留下备用。

2. 将做法1的牛油果肉捣成泥，洋葱连汁一起加入牛油果中拌好，放回到牛油果皮中，挤上蛋黄酱。

香酥嫩煎鸡排饭套餐

这是我发布在博客上的第一个食谱，非常有纪念意义。酥脆可口的炸鸡搭配酸甜香辣风味的牛油果，颇有一番风味。

要点

煎鸡肉时用锅铲时不时按压一下，擦去多余油脂，煎至酥脆。侧面七八成白后翻面。

蛋黄酱虾仁拌茄子套餐

我一开始是觉得只放虾仁太奢侈了，所以加入茄子。意外的是这种做法能让虾仁更有弹性，提升了整个菜的口感。制作这道菜的关键在于将茄子过一遍面汁。另外虾仁可以用鸡肉代替。

要点

热汤煮沸后，慢慢绕圈倒入蛋液，可以让蛋液在入锅瞬间凝固，让汤汁更为澄澈。

蛋黄酱虾仁拌茄子

RECIPE **1**

材料(2人份)

虾仁（大）·······················8只
茄子·······························2小根
A ┬ 清酒·······························2小勺
  └ 姜末、盐··················各少许
煎炸油···························适量
B ─ 面汁（2倍浓缩）、水······各1大勺
淀粉·······························适量

C ┬ 蛋黄酱··························3大勺
  │ 番茄酱、牛奶··············各2小勺
  │ 白砂糖··················不到1小勺
  └ 蒜末··························少许
紫叶生菜、熟白芝麻（可选）、黑胡椒碎（可
选）······························各适量

做法

1. 虾仁去虾线后放入材料A腌制。茄子乱刀切小块。

2. 平底锅中倒煎炸油，深度约1厘米，中火烧热，放入做法1的茄子，完全炸熟后，将茄子放入混合好的材料B中腌制。虾仁裹上淀粉后放入锅中炸好。

3. 将材料C放入碗中搅拌混合，加入做法2的食材中拌好。餐盘中垫一层紫叶生菜后，放上拌好的虾仁和茄子。最后可依个人喜好撒上芝麻和黑胡椒碎。

番茄黄瓜中式沙拉

RECIPE **2**

材料(2人份)

番茄·······························1个
黄瓜·······························1/2根

A ┬ 酱油、醋·····················各1½大勺
  │ 白砂糖··························2小勺
  └ 熟白芝麻、芝麻油··········各1小勺

做法

1. 番茄去蒂，切成2厘米左右小块。黄瓜皮纵向削成条纹状，切厚圆片。

2. 材料A放碗中搅拌混合，加入做法1的蔬菜拌好。

玉米蛋花汤

RECIPE **3**

材料(2人份)

鸡蛋·······························1个
玉米粒（罐头或冷冻）··········4大勺
A ┬ 水·····························2½杯
  │ 鸡高汤粉、清酒··············各1大勺
  └ 盐、胡椒粉··················各少许

B ┬ 水·····························2大勺
  └ 淀粉··························1½大勺
干芹菜（可选）··················适量

做法

1. 鸡蛋打散。

2. 材料A放锅中煮沸，放入玉米粒，再次煮沸后关火，放入混合好的材料B充分搅拌。一边搅拌一边开中火继续加热，缓慢倒入做法1的蛋液，大幅搅拌几下后关火，盛出装盘即可。可依个人喜好撒上干芹菜。

我理想中的生活

SYUNKON *Cafe* COLUMN

我一直都很憧憬那种朴素自然的生活，就像我们经常在杂志上看到的那样。早餐吃现烤面包，根据季节不同搭配不同的果酱和蔬菜汤。汤根据季节不同，或是品味以菠菜或牛蒡为主材料的浓汤，或是在炎炎夏日来上一碗番茄浓汤，总之就是要浓汤。米饭选择杂粮饭或黑米饭。孩子们的甜品以手工制作为主，像蒸红薯、豆渣甜甜圈等，用的糖也是黄糖或蜂蜜。至于她们平时玩的玩具，最好是充满大自然温度的木制玩具，我希望他们能感受到四季的变化，这是我很向往的一种生活……我也可以敏锐地发觉季节轮转，随口来一句"马上要到梅子的季节了"之类的……可惜现实却完全相反。先说早餐吧，光是每顿都要配汤就已经难如登天了，顶多就是把前一天剩下的味噌汤热一热，到了夏天，更是直接喝大麦茶解决。我女儿们还特别嫌弃浓汤，居然会有小孩子不喜欢浓汤（真是见者伤心，闻者落泪）。我现在偶尔会做手工的甜品，但我做的杯子蛋糕和市场上卖的蔬菜饼干、巧克力派口感完全不同，最后只能幼稚地耍小性子，撒娇让孩子们吃掉自己辛辛苦苦做的手工甜品。再就是玩具，比起我理想的木制玩具，孩子们总是更喜欢富有光泽的塑料玩具。房间里堆满了吃麦当劳送的赠品玩具和玩偶，电视柜里面杂乱无章地挤着些不明所以的袋子、钥匙扣、弹力球，安静地积灰。她们还特别喜欢看网络上别的孩子们玩新玩具的视频（就是那种"今天我们来玩一下这个新玩具吧"的视频）……不对，完全不对，我现在所处的状态，或者说生活氛围，很不对劲。这种感觉并不是说我缺少什么，反而是太多了，我想过更安逸的生活。现在的我每天都被时间追着跑，赶在幼儿园下班前的最后一刻疯狂码字，然后顶着一头乱糟糟的"鸡毛"去接孩子，回来再匆匆忙忙地准备晚饭……我不想再每天这么慌慌张张地过了。其实杂志上描述的那种生活在现实中是很奢侈的，因为它不但需要有钱，还得要有时间。

一方面，我觉得这种生活只有内心很坚定的人才能过得上；另一方面也在想，其实每个人都会有自己的选择（我周围有很多人，不管他们的生活看起来多么令人艳羡，但他们肯定也和我一样有很多辛苦

的时刻）。所以不管我们现在生活的状态如何，即便是恨不得长叹一口气，大谈对现有生活的厌倦时，

也一定要坚信，这样匆忙的生活也是幸福的。三菜一汤、无添加、手工制作……虽然我现在的生活与

这些理想相去甚远，但每天都全力以赴，能为美味的饭菜、为温暖的浴室而感动，这本身就已经奢侈

至极了。我想要珍惜这段忙碌的日子，虽然没有回首过去的空暇，但也是人生只有一次的宝贵时光，

我要把能偷的懒都偷掉，全身心地去享受每分每秒。

哎呀，絮絮叨叨地也不知道说了些什么，可以让我把话题转回浓汤那里吗？

———

甜品

其实我一直都是个粗枝大叶又怕麻烦的人，所以很不擅长精细的工作。但就连我这样的人，也能顺利完成本章中介绍的甜品，而且其中用到的材料和工具都很日常。虽然是以省事为目标的食谱，但味道绝不打半分折扣。忙里偷闲的时候一定要试着做一做。

要点

制作酥粒时动作要快，防止人体温度使黄油软化。其中最关键的就是要果断忽视零散的硬块。

Sweets
SYUNKON'S RECIPES

苹果酥粒蛋糕

将苹果直接混合到蛋糕糊中，在上面撒酥粒烘烤即可。虽然做法简单，但酥粒的加入会让整个蛋糕质感更上一层台阶。可以放到第二天食用。

材料（直径18厘米的圆形模具，1个）

苹果	1个（净重250克）	
A ┌ 无盐黄油	30克	
└ 低筋面粉、杏仁粉（可替换为低筋面粉）、白砂糖	各30克	
无盐黄油	50克	
白砂糖	60克	
鸡蛋	2个	
B ┌ 低筋面粉	80克	
└ 泡打粉	5克	
朗姆酒（可选）	1大勺	
杏仁片（可选）、糖粉	各适量	

做法

1. 制作酥粒。将材料A的黄油切成1厘米见方小块，提前放冰箱冷藏。材料A的其他材料放碗中搅拌后，撒上冷却好的黄油，用手指不停地按压，使其与碗中粉末充分混合至呈絮状，放冰箱冷藏备用。

2. 苹果削皮、去核，沿中心平均切成8块船形小块，再切成七八毫米厚的片。

3. 黄油放入耐高温容器后，放微波炉（600W）中加热1分钟至化开。加入白砂糖，用搅拌器打发后，少量多次加入打散的鸡蛋液。加入混合过筛后的材料B，用刮刀稍微搅拌几下后，放入做法2的苹果，如果有朗姆酒的话也同时加入。

4. 模具中垫吸油纸，倒入做法3的蛋糕糊。撒上做法1的酥粒，如果有杏仁片的话也同时撒上，放入预热170℃的烤箱中烤45~60分钟。用牙签插入再拔出，是干净的则表示烤熟了。稍微冷却之后脱模，撒上糖粉即可。

127

Sweets
SYUNKON'S RECIPES

香软柠檬磅蛋糕

这是我的得意之作。酸甜的柠檬清香沁人心脾。蛋糕糊只需要搅拌即可，蛋糕上面点缀的糖渍柠檬也是用微波炉制作的。糖渍的甜汁浸透到蛋糕中，会让蛋糕更为香软可口。

材料（长17.5厘米、宽6厘米、高4.5厘米的模具，1个）

柠檬	1个
白砂糖	100克
无盐黄油	80克
鸡蛋	2个
A ⎰ 低筋面粉	90克
⎱ 泡打粉	5克
B ⎰ 糖粉	30克
⎱ 柠檬汁（或水）	2小勺

做法

1. 柠檬洗净，切成尽量薄的片，去核。放入耐高温容器中，放入3大勺白砂糖。轻轻盖上保鲜膜后，放微波炉（600W）中加热两三分钟，静置冷却（加热时间过长可能使果肉脱落，最好先加热2分钟，观察一下情况再决定是否继续）。

2. 黄油放室温软化后放入碗中，用搅拌器打发。加入剩余的白砂糖，继续打发至奶油状。少量多次加入鸡蛋液，每次加入后都充分搅拌。加入混合过筛后的材料A，用刮刀稍微搅拌几下后，加入3大勺做法1的柠檬汁，搅拌混合。

3. 模具中垫吸油纸，倒入做法2的蛋糕糊，使其高度均匀。放入预热170℃的烤箱中烤30~40分钟。稍微冷却之后脱模，最后放上做法1的柠檬和材料B混合后形成的糖衣装饰即可。

Sweets
SYUNKON'S RECIPES

不加鸡蛋的巧克力坚果莎布蕾

这道甜品颜色较浅，可能看起来没有那么诱人，但它的味道一定超出你的预期。酥脆醇香的口感，可以称得上是斯特拉阿姨[1]的远方亲戚了。它的做法简单，不需要过筛和脱模。

材料（可制作10块）

无盐黄油····································60克
A ┌ 低筋面粉·······························100克
　└ 白砂糖································30克
B ┌ 巧克力碎屑、核桃碎··········各20~30克
牛奶·······································1大勺

做法

1. 黄油切1厘米见方小块，放冰箱冷藏备用。

2. 材料A放碗中搅拌，加入做法1的黄油，用手指不停按压，使其与碗中粉末充分混合至呈絮状。加入材料B略微搅拌几下。放入牛奶，用手指将碗中所有食材捏到一起。

3. 将做法2的面团平均分成10份，捏成直径4厘米左右圆形薄饼，放在铺有吸油纸的烤盘上，放入预热170℃的烤箱中烤15~20分钟。底面出现浅褐色就说明烤好了。

---

1 斯特拉阿姨的饼干店，日本全国连锁的甜品店。

入口即化的草莓芝士蛋糕

芝士蛋糕中加入了捣碎的草莓果肉，略带粉色的蛋糕中，隐藏着清爽可口的草莓果酱，令人惊喜。无需使用搅拌器或食品料理器也可制作。

材料（长18厘米、宽13厘米模具，1个）

草莓	150克
白砂糖	3大勺
饼干（首选全麦）	80克
黄油（或人造黄油）	40克
奶油奶酪（放至室温）	150克
A ┌ 鸡蛋	1个
│ 白砂糖	2大勺
│ 柠檬汁、低筋面粉	各1大勺
│ 鲜奶油（或植脂掼奶油）	1/2盒
└ 朗姆酒（可选）	1小勺
掼奶油、草莓（装饰用）	各适量

做法

1. 草莓去蒂，放耐高温容器中，加白砂糖，轻轻盖上保鲜膜后，放微波炉（600W）中加热3分钟，然后取下保鲜膜继续加热3分钟。捣碎，静置冷却。

2. 饼干放在材质较厚的保鲜袋中砸碎。将黄油放在另一个耐热玻璃容器中，直接放微波炉（600W）中加热30秒左右软化，然后与饼干碎屑混合，放入垫有吸油纸的模具底部压实，放冰箱冷藏备用。

3. 奶油奶酪放碗中搅拌，将做法1的草莓酱留下一部分用作最后装饰，其他都加入到奶油奶酪中，用搅拌器搅拌。依次加入材料A，每次加入后都充分搅拌。倒入做法2的模具中，放入预热170℃的烤箱中烤40~50分钟。稍微冷却之后，连模具一起放冰箱冷藏3小时以上。

4. 脱模，切成方便食用的大小。装饰上掼奶油、草莓块和做法3中预留出的草莓酱即可。

Sweets
SYUNKON'S RECIPES

入口即化的咖啡牛奶冻

肯定有人会说我这个配方做的奶冻绵软过了头，但我就是喜欢这种口感。靠吉利丁勉强凝固成形的奶冻，柔软细滑，完全不像是用5分钟就能做出来的口感。

材料（直径8厘米的陶瓷烤碗，5个）

A 吉利丁粉·····················5克
  水·························3大勺
B 牛奶·······················1½杯
  白砂糖·······················50克
  速溶咖啡粉···················2大勺
C 鲜奶油（或植脂掼奶油）·············1杯
  香草精（或朗姆酒，可选）···········少许
掼奶油（可选）、速溶咖啡粉··········各适量

做法

1. 将材料A的吉利丁粉浸泡在水中，放微波炉（600W）中加热30秒，化开备用。

2. 煮锅中放入材料B，开小火。待白砂糖化开后关火，加做法1的食材搅拌，然后放入材料C继续搅拌。稍微冷却后，将得到的液体倒入模具中，放冰箱冷藏4小时以上，固定形状。最后撒上咖啡粉，如果有掼奶油的话也挤上一点用作装饰。

Sweets
SYUNKON'S RECIPES

不用鲜奶油的草莓酸奶巴伐利亚奶油布丁

用微波炉就能做的超简单食谱。酸奶与草莓相互映衬，味道更佳，口味清爽，吃多少都不会腻（夸张了，差不多也就3个吧）。

材料（直径5厘米的杯子，5个）

草莓······300克
白砂糖······5大勺
A ┌ 吉利丁粉······5克
　└ 水······3大勺
柠檬汁······1大勺
原味酸奶（无糖）······250克
牛奶······50毫升
朗姆酒（可选）······1小勺
薄荷叶（可选）······适量

做法

1. 草莓去蒂，留出几个做最后装饰，剩余的放到耐高温容器中，撒上白砂糖，轻轻盖上保鲜膜后，放微波炉（600W）中加热3分钟左右。稍微冷却后捣碎成果酱，也留出一部分做最后装饰。

2. 将材料A的吉利丁粉浸泡在水中，放微波炉（600W）中加热30秒左右，使其化开。然后和柠檬汁一起加到做法1的果酱中，用硅胶刮刀搅拌混合。

3. 将酸奶（留出一部分用作装饰）、牛奶少量多次加入到做法2拌好的果酱中，如果有朗姆酒的话也同时加入，用硅胶刮刀搅拌均匀，将混合好的液体倒入模具中，放冰箱冷藏2小时以上，固定形状。最后加上装饰用的酸奶、做法1中预留的草莓果酱、果肉（切碎）即可。如果有薄荷叶的话也可一并放上。

食材表中糖分有所控
制，大家可以根据个人
喜好适当加量或做好
后倒一些糖浆以增加甜
味。将乌龙茶换为红茶，
加入生姜或其他辛香料
之后，与印度奶茶的相
似度可以提高至4成。

印度奶茶风乌龙茶冻

我知道大家对于我这个"印度奶茶风"肯定感到很疑惑，但在我看来，这道甜品融合了乌龙茶的苦涩、奶油和肉桂的醇香，多少还是和印度奶茶沾点边的。制作时间只要5分钟，不但热量低，而且口味清爽，超级适合夏天。

材料（3人份）

A ┌	吉利丁粉	5克
└	水	3大勺
B ┌	乌龙茶（市售）	1½杯
└	白砂糖	3大勺
	咖啡伴侣（或牛奶）、肉桂粉	各适量

做法

1. 将材料A的吉利丁粉浸泡在水中，放微波炉（600W）中加热30秒左右，化开备用。

2. 煮锅中放入材料B，开小火。待白砂糖化开后，加做法1的食材搅拌。将混合好的液体倒入平底方盘或其他容器中，放冰箱冷藏1小时以上定形。盛到相应容器中，倒上咖啡伴侣、撒上肉桂粉即可。

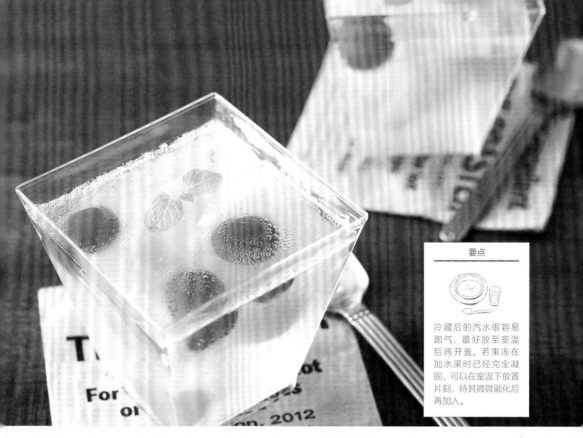

冷藏后的汽水很容易跑气，最好放至室温后再开盖。若果冻在加水果时已经完全凝固，可以在室温下放置片刻，待其微微融化后再加入。

Sweets
SYUNKON'S RECIPES

热带风汽水果冻

略带碳酸的爽口果冻。用市场上出售的汽水和水果罐头就能轻松搞定。水果最好在果冻微微凝固时加入，这样能使其停留在自己想要的位置。

材料（边长5厘米的方形容器，3个）

A ┌ 吉利丁粉	5克
└ 水	3大勺
汽水	350毫升
白砂糖	1大勺
什锦水果罐头	150克
薄荷叶（可选）	适量

做法

1. 将材料A的吉利丁粉浸泡在水中，放微波炉（600W）中加热30秒左右，化开备用。

2. 煮锅中放50毫升汽水和全部白砂糖，小火熬煮至白砂糖完全化开后，放入做法1的液体搅拌均匀。将剩余的汽水缓慢注入，混合后的液体倒入容器中。盖上保鲜膜后，放冰箱冷藏约1小时，这时果冻微微凝固，加入水果，继续冷藏30分钟左右定形。取出即可食用。可依个人喜好装饰几片薄荷叶。

Sweets
SYUNKON'S RECIPES

苹果冰淇淋

材料（2人份）

苹果	150克
香草冰淇淋（市售）	适量
A ┌ 白砂糖	1/2大勺
└ 柠檬汁	1小勺
B ┌ 面包粉	2大勺
└ 黄油（或人造黄油）	1/2大勺
白砂糖	1小勺
速溶咖啡粉	适量

做法

1. 苹果削皮、去核，切薄片。放入耐高温容器中，加入材料A，轻轻盖上保鲜膜后，放微波炉（600W）中加热两三分钟，稍稍冷却。

2. 材料B放入另一个耐高温容器中，直接放微波炉（600W）中加热30秒左右，软化黄油。充分搅拌后，将食材铺平，继续加热50~60秒，出现浅褐色炙烤痕迹后，加白砂糖搅拌。

3. 餐盘中放冰淇淋和做法1的苹果，上面放做法2的食材，撒上咖啡粉即可。

松软可口的蒸蛋糕

材料（直径5厘米的模具，4个）

鸡蛋	1个
白砂糖	5大勺
色拉油	3大勺
A ┌ 低筋面粉	55克
└ 泡打粉	1小勺

做法

1. 鸡蛋放碗中打散，加入白砂糖充分搅拌，加色拉油搅拌，最后加入混合好的材料A搅拌几下。

2. 将做法1的液体倒入模具中，深度约为模具高度的一半，放微波炉（600W）中加热30秒左右，表面变干后取出即可。

如果觉得一次用不完整袋松饼粉，剩余部分不好处理的话，可以将80克低筋面粉、3克泡打粉、2大勺白砂糖过筛，代替松饼粉。

以松饼粉为
原料的甜品

甜软红薯玛芬

使用足量红薯的玛芬蛋糕，味道质朴甘甜。刚出炉时表面还有些干，放到第二天反倒会更加软嫩可口。黄油可以用色拉油代替。

材料（直径7厘米、高3厘米的玛芬模具，6个）

松饼粉	90克
红薯	150克
A— 牛奶、白砂糖	各3大勺
无盐黄油	50克
白砂糖	3大勺
鸡蛋	1个
熟黑芝麻	适量

做法

1. 红薯剥皮后切1厘米厚的圆片（预留一片带皮的用作最后装饰），在水中浸泡片刻。沥去水分，放入耐高温容器中，加水至红薯高度的一半（未包含在材料表中），轻轻盖上保鲜膜后放微波炉（600W）中加热4分钟左右。将其中用作装饰的红薯片取出，剩余的捣成细腻的红薯泥，加入材料A搅拌。

2. 取另一个耐热玻璃容器，放入黄油，直接放微波炉（600W）中加热一两分钟，使其化开。加入白砂糖和做法1的红薯（留一小部分用作装饰），用搅拌器充分搅拌。打入鸡蛋，继续充分搅拌，最后加入松饼粉，用硅胶刮刀搅拌混合。

3. 将做法2的液体倒入模具，放入预热至170℃的烤箱中烤20分钟左右。稍稍放凉后，将做法2中预留的红薯泥和做法1中预留的红薯块（切小块）放在上面做装饰，最后依个人喜好撒上芝麻。

巧克力蛋糕棒

5分钟就能做好的快手甜品。比起一般巧克力甜品的浓厚醇香，这款巧克力蛋糕棒吃起来会
更加清爽。用微波炉做好的巧克力酱可以用作其他菜品的装饰，非常方便。

材料（长18厘米、宽13厘米的模具，1个）

松饼粉	80克
板状巧克力	100克
无盐黄油	60克
A ┌ 白砂糖	3大勺
└ 朗姆酒（可选）	1小勺
鸡蛋	2个
B ┌ 板状巧克力	20克
└ 白砂糖、水	各2小勺
掼奶油、糖粉、薄荷叶（可选）	各适量

做法

1. 将板状巧克力掰碎，放入耐高温容器中，
加入黄油，直接放微波炉（600W）中加热
40~60秒，使其化开。

2. 将材料A加入做法1的容器中，用搅拌器搅
拌，两个鸡蛋分两次打入，每次打入后都搅拌
均匀。加入松饼粉，用硅胶刮刀搅拌。

3. 模具中垫吸油纸，倒入做法2的液体，放入
预热至170℃的烤箱中烤20~30分钟。略微放
凉后，脱模冷却，切成方便食用的大小，挤上
掼奶油。

4. 将材料B放入耐高温容器中，直接放微波
炉（600W）中加热20秒左右，过程中不断搅
拌，使其化开，制成巧克力酱。将巧克力酱淋
到做法3烤好的蛋糕棒上，撒上糖粉即可。如
果有薄荷叶的话可以用作装饰。

要点

南瓜加热前先随意按压几下，加热后再去皮称重。如果你买的松饼粉是一袋150克装的，那用量刚好就是半袋。

南瓜软蛋糕

加入足量南瓜的松软蛋糕，冷藏后食用更佳。所含糖分较少，适合搭配焦糖食用。南瓜可以换成红薯。

材料（直径18厘米的圆形模具，1个）

松饼粉	75克
南瓜	250克
A ┬ 无盐黄油	30克
├ 白砂糖	40克
└ 朗姆酒（可选）	1小勺
鸡蛋	2个
B ┬ 白砂糖	5大勺
└ 水	1大勺
热水	3大勺
掼奶油、什锦坚果（捣碎）	各适量

做法

1. 南瓜去瓤，切三四厘米小块后放入耐高温容器中，均匀洒上3大勺水（未包含在材料表中），轻轻盖上保鲜膜后，放微波炉（600W）中加热5分钟左右。沥去水分后去皮、捣烂，放凉。

2. 将做法1的南瓜放入碗中，再依次加入材料A，每次加入后都用搅拌器充分搅拌。2个鸡蛋分两次加入，每次加入后也充分搅拌。加入松饼粉，用硅胶刮刀混合。

3. 模具中垫一层吸油纸，倒入做法2的液体，放入预热至170℃的烤箱中烤25~30分钟。稍微放凉之后，连模具一起放冰箱冷藏。

4. 制作焦糖。小锅中放材料B，中小火加热，摇晃小锅，使白砂糖化开。液体呈黄褐色后关火，加入材料表中的热水（小心液体飞溅），摇晃小锅使其充分混合后，放置冷却。

5. 将做法3的蛋糕脱模、装盘，挤上掼奶油、装饰上碎坚果，浇上做法4的焦糖即可。

Sweets
SYUNKON'S RECIPES

葡萄干黄油夹心饼干

这是我的得意之作。创作灵感来源于北海道久负盛名的那个点心品牌（即白色恋人）。松饼粉做的莎布蕾中不加鸡蛋，口感更为酥脆，与入口即化的巧克力黄油相得益彰（真想算算它们的般配程度）。

材料（可制作12块）

松饼粉	150克
无盐黄油	50克
牛奶	2大勺
A ┌ 葡萄干	50克
│ 朗姆酒（或热水）	1大勺
│ 无盐黄油	60克
└ 板状白巧克力	45克

做法

1. 黄油切1厘米见方小块，放冰箱冷藏备用。

2. 松饼粉放入碗中，加入做法1的黄油，用手指按压使其充分混合至呈絮状。加入牛奶，揉成面团，用保鲜膜包好后放冰箱冷藏15分钟以上。

3. 案板上垫一层保鲜膜，放上做法2的面团，再盖上一层保鲜膜，用擀面杖将面团擀成长24厘米、宽18厘米的长方形。揭去上面盖着的保鲜膜，用菜刀分成长6厘米、宽3厘米的小块，共24块（若面团软塌，可以放冰箱中再冷却片刻，方便切割）。烤盘中垫吸油纸，将切好的饼干块放在上面，放入预热至170℃的烤箱中烤8~10分钟，取出，冷却。

4. 制作葡萄干黄油。将材料A的朗姆酒洒在葡萄干上，将葡萄干泡软后，稍微切几下。黄油软化备用。巧克力放耐高温容器中，直接放微波炉（600W）中加热40秒左右使其化开，稍微冷却之后与黄油搅拌混合。

5. 做法3的饼干两片为一组，将做法4的馅料夹在中间，放冰箱冷却10分钟以上即可。

要点

平时做甜品用的鲜奶油一般都是植物奶油，但做千层蛋糕我还是更推荐用动物奶油。它能避免每一层饼皮之间滑动错位，不论是口感还是截面美观程度都要比植物奶油高出一截。

千层蛋糕

连续做15张饼皮实在是让人筋疲力尽，甚至再也不想做第二次，但看到成品之后，完美的千层和超绝的美味一定会让你产生再做一次的冲动，这种感觉就像登山一样（虽然我也没登过山）。

材料（直径18厘米，1个）

松饼粉	·······	150克
A 鸡蛋	·······	3个
牛奶	·······	1¹⁄₂杯
色拉油	·······	1大勺
色拉油	·······	适量
B 鲜奶油	·······	350~400毫升
白砂糖	·······	3大勺
香草精	·······	少许
糖粉、薄荷叶（可选）	·······	各适量

做法

1. 松饼粉放碗中，在中间按出一个凹陷，倒入混合好的材料A。用搅拌器从中间向外搅拌均匀后过筛，注意用网眼较小的细筛。

2. 平底锅中薄涂一层色拉油，中小火烧热，将做法1的液体放入约1/2勺，摊成直径18厘米左右的薄饼。待薄饼表面干燥且边缘出现焦黄色后翻面，煎一下后盛出。重复相同步骤再制作14张薄饼，叠放在盘中，稍微冷却后盖上保鲜膜，避免干裂。

3. 材料B放碗中打至7成发，放香草精搅拌均匀。

4. 案板上垫吸油纸，放一张做法2的薄饼，薄涂一层做法3的奶油后，盖上另一张薄饼。重复此步骤至所有薄饼都叠放完成。然后将蛋糕放冰箱中冷藏1小时以上，撒上糖粉。最后切成方便食用的大小，装盘即可。如果有薄荷叶的话可以用作装饰。

双层酥脆巧克力棒

用耐高温的方形容器即可制作的方便甜品。下面是柔软的巧克力蛋糕，上面是酥脆的玉米片巧克力，让你一次体验双重口感，一口气能吃10个，很适合送给亲朋好友当作礼物。

材料（边长15.6厘米、700毫升的方形耐热树脂容器，2个）

松饼粉	75克
板状巧克力	200克
玉米片	40克
无盐黄油	30克
鸡蛋	2个
牛奶	2大勺

做法

1. 巧克力分成碎片。玉米片放保鲜袋中碾碎。

2. 耐高温容器中放入做法1中一半的巧克力和黄油，直接放微波炉（600W）中加热1分钟左右，用搅拌器搅拌混合至充分化开。2个鸡蛋分两次打入，每次打入后都搅拌均匀。加入松饼粉，用硅胶刮刀搅拌混合。

3. 树脂容器中垫一层吸油纸，将做法2的液体平均倒入两个容器中，将液体表面抚平，在操作台上震几下，排出液体中空气。将两容器放微波炉（600W）中加热3分钟~3分30秒，直至表面干燥（两个容器分别加热的话则各加热2分钟）。稍微冷却后，将容器放冰箱中冷藏30分钟以上，取出。连同吸油纸一起将蛋糕从容器中取出，切去表面凹凸不平的部分后，再放回到容器中。

4. 将做法2中剩余的巧克力和牛奶放入另一个耐高温容器中，放微波炉（600W）中加热40秒左右，使其化开，加入做法1的玉米片充分搅拌，放在做法3的蛋糕上。放冰箱冷藏30分钟以上，定形后切成方便食用的大小即可。

YURI YAMAMOTO'S

index

按食材分类索引

RECIPES BOOK